U0152736

去来德兴馆

烟雨江南

隐居在耦园

灯火樊楼

洛阳水席

洞天深处饮鸳鸯

凉拌海参

红楼饮食不是梦

肚大能容

中国饮食文化散记（一）

逯耀东 著

GUANGXI NORMAL UNIVERSITY PRESS
广西师范大学出版社
·桂林·

肚大能容
DU DA NENG RONG

出版统筹：罗财勇
编辑总监：余慧敏
策划编辑：唐俊轩
责任编辑：唐　娟
营销编辑：花　昀　方俪颖
责任技编：余吐艳
封面设计：智悦文化

图书在版编目（CIP）数据

肚大能容 ：中国饮食文化散记. 一 / 逯耀东著. --
桂林 ：广西师范大学出版社，2023.10
ISBN 978-7-5598-6216-7

Ⅰ. ①肚… Ⅱ. ①逯… Ⅲ. ①饮食－文化－中国－
Ⅳ. ①TS971.2

中国国家版本馆CIP数据核字（2023）第131976号

广西师范大学出版社出版发行
（广西桂林市五里店路9号　邮政编码：541004
网址：http://www.bbtpress.com）
出版人：黄轩庄
全国新华书店经销
广西广大印务有限责任公司印刷
（桂林市临桂区秧塘工业园西城大道北侧广西师范大学出版社
集团有限公司创意产业园内　邮政编码：541199）
开本：880 mm × 1 230 mm　1/32
印张：9.5　插页：8　字数：190千
2023年10月第1版　2023年10月第1次印刷
定价：58.00元

序

肚大能容

《世说新语·排调》说："王丞相枕周伯仁膝，指其腹曰：卿此中何所有？答曰：此中空洞无物，然容卿辈数百人。"王导与周颉友好，常互相排遣。他们是魏晋中人，语多机锋。周颉说他腹中空洞无物，却能容纳包括王导在内数百人。东晋渡江朝中人物，都纳入他腹中了，真是肚大能容。肚大能容与俗语所谓宰相肚里能撑船同义。作为一个政治人物，应有兼容并蓄的雅量，否则，只是转瞬即逝的政客。

同样地，作为一个饮食文化的工作者，也是要肚大能容的。饮食文化工作者不是美食家。所谓美食家专挑珍馐美味吃，而且不论懂或不懂，为了表现自己的舌头比人强，还得批评几句。饮食文化工作者不同，味不分南北，食不论东西，即使粗蔬粝食，照样吞咽，什么都吃，不能偏食。而且所品尝的不仅是现实的饮食，还要与人民的生活与习惯、历史的源流与社会文化的变迁衔接起来成为一体。所以饮食工作者的肚量比较大些，不仅肚大能容，而且还得有个有良心的肚子，对于吃过的东西，牢记在心，若牛啮草，时时反刍。当然，将吃作为研究的对象，吃起来就觉得其味缺缺。不过，如能保持欣赏态度，慢慢品尝，情味自在其中。

我自幼嘴馋，及长更甚。在没有什么可食时，就读食谱望梅止渴。有时兴起，也会比葫芦画瓢，自己下厨做几味。不过所读的食谱，非一般坊间所售，多是名家经验累积，或具有地方特色风味者。因为自己是学历史的，凡事欢喜寻根究底，于是又开始读古食谱。这些古食谱不仅记录当时的烹饪技巧，同时也反映社会与文化的变迁。因此，将食谱与自己所学联系起来，许多过去未留意的问题都渐渐浮现了，这才发现中国饮食文化是一个还未拓垦的领域。虽然现在已经有不少有关饮食文化的著作，但一部分还停留在掌故阶段，另一部分则是考古或文字资料的诠释，很少将开门七件事油、盐、柴、米、酱、醋、茶的琐碎细事，与实际生活和社会文化变迁衔接起来讨论。饮食虽小道，然自有其渊源与流变，不是三言两语说得清的。

所以，十年前我从香港中文大学，再回到台湾大学历史系教书，先后在系里开了“中国饮食史”“中国饮食与文化”“中国饮食与文学”等课程。这是第一次将不登大雅的问题，带进历史教学的领域，没有想到这些课程颇能引起学生的兴趣，每次选课都在百人以上。去年最后开“中国饮食与文化”，选课的竟三百多人，普通教室容不下，在文学院大讲堂上课，挤得满满的，更有站立在后面或坐在两旁阶梯上的，非常热闹，这是台大历史系多年没有的盛况了。过去十年，我一直想将中国饮食文化的讨论，从掌故提升到文化的层次，事实上我已播下种子，只是现在真的离开了，也不知道将来结果如何。

我从开始对于中国饮食发生兴趣，就认为是一种外务。但这些年的无心插柳，前后出版了《只剩下蛋炒饭》《已非旧时味》《出门访古早》。现在这本《肚大能容》是过去两三年在报纸副刊发表的读书札记及探访饮食的随笔，和过去写的饮食文章相较，已经向社会文化领域迈步，但还不成体系，希望以后继续在这个领域探索，将饮食与社会文化的变迁结合，以历史的考察、文学的笔触，写出更有系统的饮食文化的著作来。

书中附了《烟雨江南》《钱宾四先生与苏州》等，不是饮食的文章，但都是在探访饮食过程中写下的，也可以对饮食的探访提供一个背景的了解。

各地菜肴，都有炒什锦一味，就是将不同的材料，置于锅中或炒或烩成菜。这本书写的虽然都是饮食，但很驳杂，故称为散记。至于肚大能容，当然不限于饮食一隅，尤其适合我们现在生活的这个空间。我们生活的空间，地狭人稠，人挤人。我唯恐这样挤来挤去，挤得心胸越来越狭窄，长此以往，一切都挤得缩小了，会出现《蜀山剑侠传》后来写的小人、小马、小车、小城镇来。拉杂写来，以此为序。

逯耀东

序于台北糊涂斋，二〇〇一年七月十二日

（按：此次出版，在三民书局二〇一八年版的基础上进行修订，第三辑九篇文章是作者二〇〇一年后发表的作品。）

目 录

第一辑　馋人说馋

第二辑　味分南北

第三辑 记忆是把尺

第一辑　馋人说馋

豆汁爆肚羊头肉

豆汁、爆肚、羊头肉是北京人的小吃。八年前，去京北草原，往返两过北京。来去匆匆，连碗豆汁也没喝着，心里老惦记着。此次重临，没有紧要的事办，闲散了十日。于是，走大街穿胡同溜达，不仅喝着了豆汁，还吃了爆肚与羊头肉。

一、豆汁爆肚羊头肉

我非燕人，过去也没喝过豆汁。但豆汁却是老北京的小食，雪印轩主《燕京小食品杂咏》说："糟粕居然可作粥，老浆风味论稀稠。无分男女齐来坐，适口酸盐各一瓯。"诗后自注云："豆汁，即绿豆粉浆也。其色灰绿，其味酸苦，分生熟二种，熟者挑担沿街叫卖，佐咸菜食之。"咸菜是盐水腌的芥菜头，切成细如发丝的咸菜，以干辣椒入油炸透，再将滚烫的辣油，倾于咸菜丝上，其味尽出，并配焦圈食之。焦圈是和妥油面，挽成细如小拇指粗的环状，入油炸焦，其程序一如炸油条，入口焦脆。豆汁由来已久。《今古奇观》的《金玉奴棒打薄情郎》，故事即由金玉奴以豆汁救热闹的所在。入得门来必有家补鞋修伞的摊子，还有个出租连环图画的旧书摊，上海称小孩为小人或小囝，连环图称小人书，摊子旁蹲着一群小人看小人书。当年我家住苏州，在上海八仙桥附近的尚贤里，有幢弄堂房，随父母到上海就住在这，往往是他们出去探访朋友，我就蹲在这里看小人书。

弄堂里老虎灶是不可少的，这种以谷糠为燃料，日夜灶火熊熊，贩卖滚水供弄堂居民饮用。早晨弄堂居民来这里打开水，黄昏提热水回家洗澡，也是弄堂的一景。有些住在弄堂亭子间的单身汉，往往端着面盆，拎着水瓶到老虎灶来，就地漱洗，然后再打瓶水回去，已够一日饮用了。漱洗完毕，就近在附近摊子上吃早点。

弄堂里的早点种类很多，有油豆腐线粉汤、肠线粉汤、鸡鸭血汤，还有咖喱牛肉汤，这种放少许咖喱粉的牛肉汤，牛肉酥嫩，汤鲜微辛，似乎每一个弄堂都有。后来传到香港，乐宫楼午茶市有售，稍作改良，不入咖喱，改用花腱调治，汤清见底，腱子肉切薄片，红润透亮，其名就叫上海弄堂牛肉汤。还有雪菜肉丝面、粗汤面，配以大饼，大饼以发酵面粉上撒芝麻，焙制而成，现在香港的上海馆子又兴这种大饼，不过厚而小。粢饭、蛋饼卷、萝卜丝油墩子、生煎馒头等，出门上班的人坐下就吃，吃了就走，家庭主妇买了提回家与家人共享。这时的弄堂渐渐清醒过来，小菜场人声嘈杂，夹杂大人的吆喝、小孩的哭叫、夫妻的争吵声传到屋外的弄堂，弄堂深处馄饨担子的梆子声，和着弄堂背后隐隐传来的刷马桶声，弄堂居民一天忙碌的生活开始了。

弄堂生活的嘈杂和匆忙，就是上海本帮菜馆生存的环境，饭店的顾客除了弄堂附近的劳动阶层，就是弄堂居民了。弄堂居住环境狭窄拥挤，往往是几户共住一幢石库门，轮流共享一个厨房，有时来不及就到弄堂饭店吃饭。弄堂饭店除了已烹妥的菜肴外，有辣酱、排骨、脚爪、四喜菜饭供应，也有炒面“两面黄”和葱油开洋煨面，与雪菜肉丝年糕，如果家里临时来客，配几样盒菜，饭店立即送到府上。弄堂所售的菜饭，都是地道的上海口味。不过偶尔也有外地小吃，作家萧乾初到上海，就住在弄堂亭子间里，他的《怀念上海》说：“最令我神往的一个角落，乃是坐落在二马路和三马路之间的一个又黑又脏的弄堂，叫‘耳朵眼’。在那里可以吃到北平的烧饼、油炸鬼和豆汁。我站在那油污的案头兴致勃勃地嚼着家乡的风味小吃，诚然感到莫大的快慰。”

弄堂不仅是上海居民生活的地方，也是上海都会由传统过渡到现代的桥梁。弄堂居住的房子是西式的，与过去中国传统居住的环境完全不同。北京胡同的四合院，可以四代同堂共居，弄堂的房子只适合小家庭生活，改变了过去传统族居的社会结构。居住在弄堂里的居民是由大家拆出的小单元，完全失去传统家族的庇荫和支持，他们只有单打独斗维持生计，所以弄堂居民学会了精明、能干与发愤图强，这才是真正上海人民的精神，弄堂也设有栈房（旅馆）、洋行仓库、报馆以及堂子（妓院），成为来往客商交易场所。自来讨论上海的海派文化，只留意十里洋场纸醉金迷的浮面，完全忽略了弄堂文化对海派文化的贡献。

萧乾说他初到上海，住报馆宿舍，“后来，就像当时许多文艺界朋友一样，我也搬到亭子间。那真是年轻单身汉的理想栖所。当时，霞飞路的二房东大多是罗宋（白俄）人，房租里包括家具。这样，意见不合，随时可以搬走”。上海的弄堂和亭子间是近代知识分子留滞在上海的栖息之所。清末科举制度废除后，斩断了千多年中国知识分子前进的利禄之途，而且，自不平等条约之后，通商口岸出现，都会迅速发展，使城乡之间的差距增大，同时由于帝国主义的通商侵蚀，沿海的农村经济濒临破产，使得中国传统知识分子树高千丈落叶归根的还乡之途又被阻塞，即使放洋东瀛，也是前途茫茫，因科举形成的社会流动因此淤塞，中国知识分子前进无路，后退无门，使他们漂泊在大都会之中，局促在弄堂的亭子间里，觉得自己怀才不遇，穷愁潦倒，于是他们怨愤、颓废、思想激狂，形成中国近代学术思想与文化转变中的特殊现象。

据徐志摩的日记记载，民国十二年（一九二三）十月十一日，胡适为了解释和创造社因翻译起的争辩，由徐志摩陪同，到民厚里一二一号拜访郭沫若。郭沫若亲自应门，抱着襁褓中儿子，赤脚，穿着一身学生服，形状非常憔悴。这时成仿吾从楼上走下来，见了胡适相应不理。徐志摩说，宾主间似有冰结，五时半辞出，胡适对徐志摩说："此会甚窘。"最后，徐志摩感慨地说："其（郭沫若等）情况必不甚愉适。且其生计亦不裕，或竟窘，无怪其以狂叛自居。"

但当时流落在弄堂中，"情况不甚愉适，且生计亦不裕"的何止沫若等人，他们在"生计不裕"的情况下，幸得价廉物美的弄堂饭店，提供给他们啖饭的地方，才得挨过难关。

三、去来德兴馆

德兴馆、老饭店和老正兴，都是上海本帮菜的老馆子，都兴于弄堂之中。上海老饭店原名荣顺馆，创于清光绪年间，开设在城隍庙西侧旧校场内，原来是个饭摊，后来扩大为饭店，最初厨事由张姓店主亲自主理，其所烹制的汤卷、腌川、走油肉、大白蹄等颇受客人的喜爱。经营不满十载，已誉满南市，后来由于历史长久就称其为老饭店了。

十多年前我第一次回上海，逛城隍庙吃了南翔小笼包和葱油开洋面以后，就去老饭店午饭，三个人吃饭，点了虾子大乌参、清炒虾仁、炒刀豆、红烧大桂花鱼、清瓜子虾与莼菜三丝汤。当时是开放之初，因陋就简，这些菜都不见奇，平平而已。不过老饭店善经营，深圳开埠不久，老饭店已在那里开分店，现在香港也有老饭店，我去吃过两次，但价钱却非常惊人，我所谓的价钱惊人，是菜和价钱不相称，一张上海大饼，索价八十港元，而且菜肴远不如开在附近的大上海。大上海的清炒虾仁与砂锅火瞳排翅都非常好。

现在的上海老饭店，在原地起华厦，甚是堂皇，门首立着两个身穿如一女中鼓号乐队制服的女孩，入得门来，见座位都是空着，一位点菜小姐过来，见我们衣着如进城土佬，开口就问订了位没有，我摇摇头，她说都满了。我们只得另觅食处了，我们刚出门准备离去时，一个女领班匆匆走来，向我们说对不起，再请我们回去，我说谢了。因为她眼尖，已经看出来我们是吃得起的。于是，我们又去了绿波廊。我对绿波廊的印象原来就不佳，因为过去在绿波廊吃点心，因伙计就地起价，和菜牌写的价钱完全不同，我曾和那个伙计吵了一架。现在也起了华厦，更因为美国总统和英女王在里面吃过点心，身价自是不同，我们进得店来还没有上座，但没有人闻问，我们又出来了。现在在上海吃东西真的海派了，而且也得“佛要金装，人要衣装”了。也许这就是现在纸醉金迷的上海，菜的花样翻新，但非旧时味了。

当然，起于弄堂里的上海本帮菜，也不是一成不变的。上海的本帮菜一如上海的语言。姚公鹤《上海闲话》说：“所谓上海白者，大抵均宁波、苏州混合之语言，已非通商前之旧矣。”也就是说现在上海的语言是以上海本地语言，与宁波话与苏白混合而成。同样地，上海的本帮菜后来也是吸收了宁波烹调技巧与苏州无锡的口味而成的。关于宁波菜在上海的流行与发展，已在《海派菜与海派文化》有所讨论，然其烹调黄鱼的方法为上海人所喜爱，如大汤黄鱼，此味以雪菜、笋片与新鲜的黄鱼氽汤，不放油，味极清鲜。因为过去上海每年三四月间为黄鱼季，《上海县竹枝词》云："楝子花开石首来，花占槐豆盛迎梅。火鲜候过冰鲜到，洋面成群响若雷。"石首即黄鱼，注："石首鱼，首中有二石如白玉。四月间自洋群至，绵亘数里，声如雷。"一市民皆烹调黄鱼，大汤黄鱼普遍被沪上市民接受。如面拖黄鱼、米苋黄鱼羹、苔菜拖黄鱼，皆自甬菜蜕变而来，其他如清炒鳝糊、炒鳝背、冰糖甲鱼，也和宁波菜有关。

苏州菜包括无锡菜在内，因为地近上海，口味与上海接近，很容易被上海人接受，虽然苏州菜的特征在于浓香之味，与上海浓油赤酱相近，不过，苏州菜偏甜，上海本帮菜将苏州菜的过甜改为微甜，更适合上海人的口味。上海的苏锡菜馆创始于清同治年间，由于前述苏锡口味与上海本帮菜相近，因此苏锡菜馆在上海发展很快。东南鸿庆楼、大加利、大鸿运，誉满沪上。现在只有大鸿运一枝独秀了。大鸿运酒楼开设于二十年代，原址在湖北路上，两开间的门面，面积不大，只能席开二十桌。三十年代苏锡菜盛行，大鸿运原址已无法满足顾客需求，其董事朱阿福在福州路租地建屋，成为十二开间两层楼的大型菜馆，也就是现在经过翻修扩建的大鸿运所在。不过，现在的大鸿运虽保持姑苏口味，但为了适应潮流，制作出若干海派的苏州菜，如兰花鸽蛋，以鲟鱼烹制成的黄焖着甲，以鲟鱼骨制成的细卤明骨，以裙边与火腿炖焖成的火烧赤壁，这些菜都是传统苏州菜中所无的。我去年春天在苏州与分别半个世纪的朋友相会，前后两次宴于苏州的大鸿运，其糟卤肚头、腐乳肉与熘虾仁甚佳，倒是以苏州与无锡船菜为号召的五味斋菜社与荣华楼菜馆的松鼠黄鱼、南乳汁肉、锅巴虾仁（原名平地一声雷，到上海改为春雷惊龙）、瓜姜鱼丝等，还保持苏菜味浓而不腻、淡而不薄的特色，这些特色后来也融于上海本帮菜之中了。

上海本帮菜吸取宁波与苏锡菜的风味之后，渐渐形成自己的风格，于是超越弄堂饭店的色彩，更上层楼，已经出得厅堂，上得台面了。不过，经过这十几年上海的经济开发与转变，上海本帮菜也陷入转变的旋涡中，难以自拔，再去上海老饭店或老正兴，已不是上海本帮菜价廉物美、经济实惠的特色了，而且去吃的也不是一般平常百姓家。因为订一个房间最低的消费，就要两千元人民币，菜色花俏，华而不实，已不是上海本帮菜，现在如果要吃上海本帮菜只有去德兴馆。

那晚在外滩观灯，偶然发现德兴馆。第二天已经买妥下午两点半的火车票去苏州，算定时间，约朋友十二点整，在德兴馆吃饭，吃罢饭拎着行李到车站赶火车。我们十一点半就到德兴馆，门前摆的是卤菜摊子，挂着白切鸡、酱鸭，案子上摆的是酱肘、脚爪和其他卤的肝肠猪心和口条等。都是刚出锅的，红郁郁的颇为诱人，站在门口朝内望，楼下是小吃部，卖的是面类与小笼包，食客拥挤，各个桌子坐满人，人声嘈杂，我心中又是一喜。因为这里才真正是人民吃的地方，还留有弄堂饭店的余韵。

待我们走上楼梯时，看到立着个大牌子，上写着六十年代，党和国家领导人相继在这里吃过饭。上楼的楼梯灯光暗淡，红色的地毯也变了颜色，二楼是散座，我们找了个靠边的大台面，坐定举目四望，楼面没有任何装饰，窗帘也陈旧了。或许正因为设备条件差，外人来得不多，才为上海本帮菜保留了最后的原汁原味。服务的小姑娘衣着朴素，但待客亲切。

散座的客人都是衣着随便的上海人，他们浅酌，他们谈笑，悠然自在，无拘无束，菜还没有点，我就欢喜上这个地方了。上馆子吃饭，图的就是个自在，衣冠楚楚吃喝起来也不方便，再说旁边还站着一个人照顾着你，生怕失了仪态似的，菜端上来，还没有看到什么样子，就撤下去分菜了，美其名中菜西吃，讲究卫生。分的菜又不一定是你喜欢吃的部分，待你举箸欲尝时，新菜又上来了，上菜速度如夜间急行军，了无趣味可言。德兴馆虽然也嘈杂，但与窗外的市声相比，安静多了，尤其在行旅之间，有这么个地方坐坐吃吃，也可以舒解一下。这个地方好在残旧却不颓废。而且又可以吃到真正的上海本帮菜，真是一种客中的享受。

所以，去年春秋两次江南之行，去来四次经过上海，或宴请朋友，或与几位同行的伙伴小酌都在德兴馆。归来翻阅剪贴簿——我出门旅游有个习惯，不论是别人请客，或自己吃饭，都要一份菜单留存起来，备以后翻阅——来去上海五次饭于德兴馆，除了菜前的小碟，计点了油爆虾、白切肉、白斩鸡、清熘虾仁、红烧鲴鱼、草头圈子、炒蟹黄油、虾子大乌参、秃肺、下巴划水、肉丝黄豆汤、扣三丝、走油拆墩、鸡骨酱、葱油芋艿、糟钵头、冰糖甲鱼、笋腌鲜等。这些菜都是地道的上海本帮菜，不失浓油赤酱的本色，而且有几样菜还有季节性，如红烧鲴鱼。鲴鱼是上海地方的特产之一，嘴有两根长须，俗称鲴老鼠，每年三月至五月间，洄游于长江和吴淞江以及崇明岛附近。鲴鱼非常有季节性，春夏间最肥美而肉紧，鱼皮有弹性且胶质甚厚，红烧鲴鱼色泽红润油光，鱼块裹着一层薄而匀的卤汁，而汤汁不用勾芡，因为鱼本身胶质已有黏稠性，即所谓自来芡，鱼的表皮肥糯滋润，肉质软嫩无刺，酱味鲜咸之中略有甜味，是上海本帮菜浓油赤酱的传统本色。至于炒蟹黄油，上海近阳澄湖，过去一般饭店，深秋季节都有清水大闸蟹出售，将煮熟的大闸蟹拆成蟹粉，可制炒蟹粉、炒虾蟹，皆脍炙人口。三十年代末，取其蟹黄与蟹油经热油滚炒，加调味后制成炒蟹黄油，是蟹制菜肴中最精华名贵的一种。我春天到上海即点此味，当时非蟹季，用的是冰冻雪藏货，味不鲜而略腥且咸，于是要了碗阳春干面，拌而食之。后来重阳时节再去上海，正是菊黄蟹肥时，更点此味，则蟹黄香糯，蟹油肥而不腻，色泽红白分明，滑腻鲜美，然后又将吃剩的蟹黄油与嫩豆腐回烧，而成另一美味。

笋腌鲜，即腌笃鲜。笃，江南语“文火慢煨”之意。以鲜肋条、咸腿肉与冬笋或春笋煨笃而成。现在江浙菜馆皆有此味出售，但不了解其笃之意为何。此菜先用文火慢笃，待各种材料的味道相互渗透，再改用武火，在文武火调配下，汤汁浓白，肉质酥肥，味鲜醇厚。腌鲜多认为以冬笋为佳，其实这是江南家常菜的一种，每年二三月是春笋最好的季节，以春笋治腌鲜是清明时节前后的佳肴。我到上海正是清明前几天，正是吃笋腌鲜的时候，我在点笋腌鲜时，写菜的小姑娘说现正是油爆虾的时候，而且油爆虾是他们的招牌菜，于是又点了油爆虾。

《上海县竹枝词》云：“红了樱桃黄到梅，河虾大汛趁潮来。子爬满腹鲜充馔，一粒珠红脑熟才。”注曰：“虾在樱桃熟出者，为樱珠虾。煮熟后，脑有一珠粒红透壳外如赤豆大，俗呼虾珠。夏至前后，腹各抱子，爬取入馔，鲜逾常品……故虽四时常有，尤以时虾为贵。”虽然上海四时有虾，但清明至芒种之间，河虾特硕壮肥美，为食虾季节，烹油爆虾最合宜。烹调油爆虾，以虾之优下，油爆时间的拿捏最为重要。所谓油爆是在武火热油锅中以短时间的爆炒，其成败则在火候的拿捏。油爆过于匆促，火候欠佳，则虾仁不熟，皮壳不脆，爆得过火，皮绽肉枯。德兴馆的油爆虾只只晶莹，皮脆肉软，吃在嘴里甜香久久不去，现在正是虾肥时节，又点一味清熘虾仁。惜此时虾子尚未成熟，不然，以虾仁、虾脑、虾子烹治三虾豆腐，定是妙品。

德兴馆原有生煸草头一味，草头又名金花菜，原为田圃的绿肥或饲料，春天所出者为佳，其幼苗炒起来味甚鲜美，为农家的家常小菜，后来本帮菜馆选新鲜草头，取其最前端的三片嫩叶，以强火入油煸炒，是为生煸草头，此味为上海本帮菜馆独有，以草头为垫底的草头圈子，是一味佳肴。红烧圈子一味原出于上海本帮菜老正兴前身的正兴馆，正兴馆原有肠汤线粉出售，后经改煮为炒，而有炒直肠，以其名不雅，后更改为炒圈子或红烧圈子，因为直肠煮熟后切片状似圈子故。二十年代出版的《老上海》载："饭店之佳者，首推二马路外国坟山对面，饭店弄堂之正兴馆，价廉物美，名副其实。炒圈子一味尤为著名之菜。"红烧圈子是上海本帮菜馆的名肴，德兴馆的红烧圈子，色似象牙，软如面筋，酥烂软糯，汁厚芳醇而无腥臭，缀以碧绿油润、软柔鲜嫩的草头，可减其肥腻，实在美妙。我去来德兴馆数次，每次都点这道菜。

当然，到了德兴馆不能不吃虾子大乌参。虾子大乌参是二十年代末，由掌厨杨和生和蔡福生所创制。当时德兴馆还在十六铺的洋行街附近，洋行街有许多商行经营南北土产，山珍海味，但上海人喜吃河鲜，不喜干货海产，海参滞销。商行老板欲打开海参销路，故由商行提供原料德兴馆试制，于是杨和生和蔡福生将海参水发后，加笋片和鲜汤调味制成红烧海参出售，但鲜味不足，而以鲜味特浓的虾子为辅料提味，而成为德兴馆的虾子大乌参。虾子大乌参的烹制过程非常繁复，时间且长，用的大乌参，香港俗称猪婆参，发涨后尺余，而且制成的虾子大乌参一整只躺在盘中，色泽乌光透亮，汁浓味鲜而香醇，软糯酥烂，筷子挟不起，只能以汤匙取食。上次我去香港还带了两斤回来，置于柜中待用。治虾子大乌参是不能用辽宁刺参烹治的，那种刺参只合作山东的葱烧海参，此间厨师以刺参烹虾子大乌参，就蒙事了。

糟钵头是独一无二的上海名馔，也是德兴馆的招牌名馔。其实原来是上海郊区农家宰猪过年，将猪下水包括肝肠肚肺，置于糟钵中蒸治的一味年菜，上海人制菜喜用香糟，家制香糟以绍酒、酒糟、盐糖、桂花、葱姜末拌匀，置三小时再以布袋滤过即成。以此制青鱼煎糟、川糟、糟扣肉、香糟元宝等。糟钵头后来转为在市上售卖，有徐三者善治糟钵头，清杨光辅《淞南乐府》云："淞南好，风味旧曾谙。羊胛开尊朝戴九，豚蹄登席夜徐三，食品最江南。”所谓“豚蹄登席夜徐三”，注云：“徐三善煮梅霜猪脚，迩年肆中以钵贮糟，入以猪耳、脑、舌及肝、肺、肠、胃等，曰糟钵头，邑人咸称美味。”则是最初以贮糟之钵头烹治猪下水，其后德兴馆改为砂锅，将材料置于锅中，另加入火腿、笋片、油豆腐，加鲜汤与香糟炖成。其制法较原来简易，且不失其原有的特色。制成的糟钵头，浓油赤酱，肥糯鲜嫩，咸中带甜，糟香醇厚，非常开胃。过去也吃过糟钵头，这次算是真的吃到其原味了。这菜前后点了三次，真的是大快朵颐。

上海的朋友说如果没有熟人，吃不到真正的好菜，但我坐在那里和点菜的领班慢慢攀谈，他到厨房来回跑了好多次，终于吃到称心满意的菜肴。酒足饭饱以后，又到南京路上漫步。南京路是过去十里洋场的精华所在，现在变成行人漫步专区，却看到一辆肯德基载送客人的专车，缓缓驶来，突然想到上海真的变了，而且变得非常快速。谁还记得那些兴于弄堂，伴着上海都会从传统过渡到现代的上海的本帮菜馆呢。难道这就是转变的上海，上海？上海！

海派菜与海派文化

民国十三年（一九二四）出版的《上海快览》“餐馆”条下，记载当时流行在上海的餐馆称：“各帮菜馆，派别殊多，如北京馆、南京馆、扬州馆、镇江馆、宁波馆、苏州馆、广东馆、福建馆、徽州馆。”后来一九五七年由上海市饮食公司编著的《上海名菜》，归纳上海市面的餐馆有粤、京、闽、扬、苏、湘、川、徽、宁、杭、锡、清真、净素和本帮菜等十四种。所谓本帮就是本地的上海菜。除上海本帮菜外，其他中国各地不同风味的菜肴，在不同时期流入上海，都在上海流行，和上海百年来社会的发展与转变有密切的关系。

一、菜帮与菜系

过去对上海菜称本帮菜，流行在上海其他各地方的菜肴，则称为外帮菜。流行在上海各地菜肴称帮，和黑社会所谓的帮派不同。菜帮和城市经济发展后形成的商帮相似，是在一种职业行会的结合，其来由已久，在宋代的城市中已经出现。不过，菜帮除了是行业的结合，更突显其各自不同的地方特色。这些在上海流行的各地菜帮，虽然是上海开埠以来社会经济流变的产物，最初各自表现其不同的地方风味，但经过长期相互的仿效，并为了适应当地口味，而形成上海的海派菜。这种海派菜和其原来所代表的地方风味，已貌合神离了。

不过，这些在上海的外帮菜，最初皆冠以原来的地名，表明其属于原有菜系的一支。所谓菜是帮助下饭的食品，但因地理环境的不同，有气候物产之异，因而形成不同的饮食习惯。所谓“天下四海九州，特山川所隔有声音之殊，土地所生有饮食之异”，于是“靠山吃山，靠水吃水”的不同菜系就产生了。

中国饮食的区别，首先由南北的不同，以地理环境分划，自秦岭至淮河流域分划成南北两大自然区，形成南稻北粟的布局，大约一万年前农业出现时已经形成。以后的发展而有南米北面的不同，迄今仍未变更。因此配合主食的副食品，由于地理环境不同，而形成不同的饮食风味。晋张华《博物志》“五方人民”条下云：“东南之人食水产，西北之人食陆畜。食水产者，龟蛤螺蚌，以为珍味，不觉其腥臊也。食陆畜者，狸兔鼠雀，以为珍味，不觉其膻也。”所谓“有山者采，有水者渔”，是后来菜系形成的主要条件。

不同口味的差异，显著表现在南北朝对峙时期，王肃是当时的高门著姓，由江南过江归北魏，最初仍维持南方的饮食习惯。《洛阳伽蓝记》“报德寺”条下谓王肃初“不食羊肉及酪浆等物，常饭鲫鱼羹，渴饮茗汁”；王肃认为“羊者是陆产之最，鱼者乃水族之长，所好不同，并各称珍”。在北宋的首都汴京为了方便北来的南方人，而有南食、川食的食肆，而且成了当时时尚的饮食。饮食习惯不同，更有南北口味的差异，各自独立发展，形成不同地方饮食的特色。徐珂《清稗类钞》“各处食性之不同”条下就说：“食品之有专嗜者，食性不同，由于习尚也。兹举其尤，则北人嗜葱蒜，滇、黔、湘、蜀人嗜辛辣品，粤人嗜淡食，苏人嗜糖。即以浙江言之，宁波嗜腥味，皆海鲜，绍兴嗜有恶臭之物，必俟其霉烂发酵而后食也。”

各地食性不同，一地所嗜，可能是另一地所厌恶。《清稗类钞》“北人食葱蒜”条下云：“北人好食葱蒜，而葱蒜亦以北产为盛，直隶、甘肃、河南、山西、陕西等，无论富贵贫贱之家，每饭必具。赵瓯北观察翼有旅店题壁诗：‘汗浆迸出葱蒜汁，其气臭如牛马粪’。”赵翼是江南人，无法忍受葱蒜的气味，但北人每饭则必具，已道出各地不同的饮食差异。南北主食有米食面食的不同，所配合的副食品，也因不同地区而显著不同。这些不同的饮食差异，分散在中国境内，形成不同的饮食文化圈，简称之则为菜系。

以长城之内的黄河、长江、珠江三条水系为区分，黄河流域的包括甘肃、山西、陕西、河北、山东、河南的饮食习惯与口味相近，形成一个饮食文化圈，是为华北菜系。长江流域上游至西南一带，包括云南、贵州、四川、湖南可为一个饮食文化圈，是为西南菜系。长江下游的长江三角洲，包括江苏、浙江、安徽和上海市则是华东饮食文化圈，其为华东菜系。珠江流域包括广东、广西，以及福建与台湾则为华南饮食文化，是为华南菜系。不过，这只是同中存异、异中有同的概略区分。

因为在同一个饮食文化圈，由于地理环境与物产风俗的不同，出现地区饮食习惯的差异，而有京、沪、川、粤、苏、扬、闽、鲁等菜系之称。不过，即使以同一个地区为名的菜系，往往是由几个不同的地方风味结合而成的。所谓粤菜即以广府菜为主体，结合东江的客家菜和潮汕地区的风味而成，现在又增加了香港的新潮粤菜。闽菜是闽东的福州、闽西与闽南漳泉二州及厦门组合而成，漳泉二州又对台湾的饮食发生直接的影响。至于鲁菜，由胶东的威海、中部的济南与鲁南的济宁的风味组合而成，而鲁南又与江苏北部的徐州、安徽东部滁州饮食习惯相近，形成黄河之南淮河以北的淮海饮食文化区，过去的《金瓶梅》饮馔，与现在流行的孔府佳肴都在其中。鲁菜的胶东风味又是京菜形成的基础。所以，一个菜系往往由几个不同的地方风味结合而成，同时一个菜系与另一个菜系饮食习惯相近，又发生饮食文化圈重叠的现象。如果在一个菜系的区域之中有著名都会存在，构成这个菜系不同的地方风味，向都会区集中，渐渐融合成这个菜系的特殊风味，然后向外发展。当一个菜系向另一个都会发展与流行，为了强调其所代表的特殊风味，而形成不同地方的菜帮。所以，上海开埠以后，有徽帮菜、甬帮菜、粤帮菜、京帮菜、川帮菜、苏帮菜、扬帮菜相继在上海流行。最初为了适应旅居上海的各地客商的口味，往往以各地不同的"正宗"口味为号召，于是各个不同菜系的菜帮，渐渐在上海形成了。

二、菜帮与商帮

菜帮和明清以来城市经济发展中形成某种行业结合成的商帮性质相似。这种在城市经营的商帮，往往有非常显明的地域性。上海开埠前人口只有五十余万，开埠后全国各地人口大量涌入上海，至抗战胜利时上海人口已增至五百余万，除了少部分外国侨民外，上海原籍人口只有百分之十九,百分之八十以上都是因经商由外地移来，在上海居住数代以后也成为上海人了。这些外来的商帮最初在上海发展，往往会遭遇到"在家千日好，出门一时难"的困境。于是有"敦乡谊，辑同帮"的会馆出现。所谓会馆，"集乡人而立分所也"。上海开埠前有各地会馆二十多个，鸦片战争开埠以后，迅速发展，已有一百四五十个。主要分布在十六铺，大小东门和老城内的洋行街、棋盘街、董家渡、斜桥与城隍庙一带，甚至还有一条会馆街。各地商帮在上海设立会馆，反映上海开埠以后，社会经济发展与转变的实际情况。代表各地不同的风味的菜帮，便依附不同的商帮进入上海发展。

首先对上海经济发展具有影响的是徽帮商人，唐宋以来，徽帮商人已遍天下，而有“无徽不成镇”之称。上海开埠以前，徽帮商人已活跃在沪上，徽商自称“吾乡贾者，首鱼盐，次布帛”。事实上徽商经营的范围不仅如此，并且掌握造船业，垄断整个上海的典当业。这些徽商资本是在扬州徽帮盐商支持下形成的。虽然上海开埠以后，经济结构与形态转变，徽帮商人在上海渐渐失去往日的辉煌，但仍掌上海茶和丝绸的贸易。当时富甲江南的红顶商人胡雪岩，就是个徽商，他是绩溪胡里人。徽帮商人在上海经营，徽帮商人的会所也相继成立，道光时，在青口的徽帮商人叶同，联合当地商号十二家创立祝其公所于大东门外，其公积金就有一千二百万两，并赈济青口灾民。随着徽帮商人在上海发展，徽帮菜也进入上海，而且是最早进入上海的外帮菜。

二十年代，上海书场流行一段弹词《洋场食谱开篇》，其中“东西最好是鸿运，徽面三鲜吃聚宾。聚乐、鼎新兼其萃，醉白园开在小东门”说的是当时流行在上海的徽帮菜馆。所谓徽帮菜出于绩溪。绩溪厨师善烹调，他们由深渡下船，经富春江到杭州转到上海，另一部分则随盐商由扬州转来上海。徽帮菜在上海经营，可追溯到鸦片战争前，由于徽帮商人垄断上海的典当业，当铺开在巷里间，几乎每一条街都有一两家徽帮菜馆，至抗战前夕，上海有徽帮菜馆五百多家，著名的有八仙楼、胜乐春、华庆园、复兴园、聚丰园、老醉白园、善和园、大中楼、鼎新楼、宴宾楼、三星楼、善和楼等。徽帮菜擅长烧炖，油重芡厚，醇浓入味，且能保持原汁原味，如走油拆炖、红烧鸡、煨海参等，不过尤擅煎炒，如清炒鳝背、炒划水。过去上海徽帮菜馆多兼营面点，鸡火面、鲜汤虾仁面、三鲜锅面与徽式汤包，价廉味鲜是其特色，多为上海人喜爱。

不过，徽帮菜馆经营保守，无法适应上海迅速转变的环境，后来渐渐没落了。现在著名的只剩下大富贵酒楼。大富贵酒楼原名徽州丹凤楼，创于清朝末年，最初只经营一般徽菜和面点，后来扩大营业，并改名大富贵酒楼，聘徽帮名厨料理，烹制正宗徽菜。其名肴有金银蹄鸡，以金华火腿二朊——徽人称猪脚上面的关节部分为二朊——与新鲜蹄髈及鸡并置砂锅中烹制，是地道的徽菜。葡萄鱼，以青鱼中段切制成葡萄状，加葡萄汁烹成。沙地鲫鱼，此味由徽州先传到扬州，已见于童岳荐的《调鼎集》，曹雪芹之老蚌怀珠即缘此而来。

上海开埠后，徽帮商人资本逐渐衰退，甬帮的宁波商人与粤帮的广东商人资本进入上海，成为后来上海经济发展的主导力量。宁波地近上海，经济力量迅速发展，清朝末年宁波旅沪人口已有四十余万。甬帮商人在鸦片战争前，已建四明公所于小北门外，公所在小刀会事件中被毁，重建后规模更大，有前殿、后殿、土地公祠，并建济元堂作为同乡集会之所。因地近法租界，法人以其有碍卫生及筑路而被迫迁移，引起旅沪宁波人的抗争。经交涉后，公所保留，但原来葬此之旧冢迁回原籍，公所于虹口日晖港另设寄柩处，并在八仙桥设四明医院。四明公所是当时上海最大的会所。

随着甬帮商人在上海发展，甬帮菜也进入上海，同治、光绪年间上海已有甬帮菜馆。甬菜多海味，与他帮不同，其黄鱼羹、红烧甲鱼、炒鳝糊、蛤羹颇著名。不过后来在上海开设的甬帮菜馆，皆以“状元楼”为名，如盈记状元楼、甬江状元楼、四明状元楼等。甬帮菜馆称状元楼有一段掌故。状元楼是宁波最老的菜馆，原名三江酒楼，创于乾隆年间，相传当时有几个举子上京应试，聚于三江酒楼，店家以红烧甲鱼奉客，并谓此菜名“独占鳌头”。后来这几个进京应试的举子都金榜题名，其中一人并中了状元。状元归来春风得意马蹄香，再宴于三江酒楼，并提笔写了“状元楼”三字，于是三江酒楼自此改为状元楼。现在上海的甬江状元楼，创于一九三八年，经营者方润祥与名厨金迎祥皆来自宁波。其菜肴有芋艿鸡骨酱、黄鱼羹、糟鸡、新丰鳗鲞，都是地道的宁波口味。甬菜以黄鱼入馔者较多，其黄鱼羹、苔菜拖黄鱼最有名，另有露肴剥皮大烤，是传统的宁波名菜，以剥皮猪腿加腐乳汁用小火焖烤而成。

除甬帮商人，粤帮商人也接踵而来。广州与外交涉最早，深谙夷务。上海开埠以后，对外贸易中心转移到上海。华洋交涉频繁，开埠之初，洋行买办多是粤人，粤帮商人大批资金也随着转来上海。上海南京路上四大公司中的永安、先施、新新都是粤帮资本。于是起华厦，改变经营方式，繁荣了上海的市容。其他如屈臣氏的荷兰水（汽水）、冠生园的糖果，南北货也是粤帮商人经营。粤帮商人后来居上，掌握了上海的经济动力，起广东会馆于土钭路，富华堂皇，梁启超来沪即居于此。

粤菜馆于清末进入上海，最初多设在虹口四川北路一带，有味雅、安乐、西湖、天天等数十家粤帮菜的酒家。粤人称菜馆为酒家，二十年代粤帮菜的酒家已遍及全市。尤其四大公司集中的南京路，永安、先施、新新附有大东、东亚、新新粤菜酒家外，还有大三元、杏花楼、燕华楼等，以及金陵、环球等酒家。粤帮菜在上海与其他菜帮不同的地方，就是装潢得金碧辉煌，一桌一椅一箸一匙都非常考究，在此消费若置身宫廷之中。而且粤人吃得奇巧，凡是背脊朝天的皆可入馔，如菊花龙虎凤、锦绣果狸丝、凤爪炖海狗、瓦爕焗山瑞等，都是他帮所无，但价钱不赀，抗战前夕，一席名贵的粤帮酒席已达千元。其他酒楼一席酒菜不过三五十元而已，多富商巨贾在此饮宴，非一般小民可以染指者。

不过除了这些昂贵的酒家，后来又出较平民化消费的小型粤帮菜馆。现在上海最著名的新雅粤菜馆，创于一九二六年，初创时只是有两间门面，楼下经营罐头食品，楼上出售粤式饮茶点心，为梁建卿所创。梁建卿，南海人，毕业于香港皇仁书院，当时国民革命军已攻占汉口，梁建卿认为机不可失，于是开设新雅茶室，兼营粤菜业务，售叉烧卤味，并有虾仁炒蛋、炒鱿鱼、炒牛肉等粤式街坊小菜。价廉物美，冬天消夜还有鱼生边炉，生意兴隆。于是这类平民化的粤帮菜馆纷纷开市，如江南春、同乐酒楼、陶陶酒家、东江楼等，颇受上海一般市民的喜爱。

几经沧桑，现在新雅粤菜馆已是上海最著名的粤帮菜馆了。其名肴有焗酿禾花雀、七星葫芦鸡、炒鲜奶、金华玉树鸡、烟鲳鱼、北菇炖乳鸽，都是当前香港流行的粤菜。香港粤菜和广府粤菜经过几十年分离的发展，彼此间已有区别。现在和新雅粤菜馆齐名的还有杏花楼酒家，创于清末，最初由洪吉如与陈胜芳合营，只售小吃菜点，白天有腊味饭、烧鸭叉烧饭，消夜供应粥面。民国初年粤人来沪者众，杏花楼的生意越来越旺，由粤帮大厨李金海主理后，开办筵席业务。杏花楼原名杏华楼，后取杜牧“借问酒家何处有，牧童遥指杏花村”，而改现名。现在的杏花楼酒家已是一座四楼的大饭店，其菜肴有脆皮烧鸭、西施虾仁、清蒸海狗鱼、香露葱油鸡、双鹊渡金桥等，俱是羊城风味。杏花楼兼营粤式糕点，其广式月饼最著名。

上述徽帮、甬帮、粤帮菜馆，都附着各帮商人在上海发展，相继进入上海。这些菜帮在上海出现与各帮商人在上海的经营与变迁，有不可分的关系。因此，从这些不同的菜帮在上海出现与流行，以及后来的没落与沉浮，也可以对上海近现代社会经济发展有个侧面的了解。

三、海派菜与海派文化

各帮菜向上海辐辏后，和其他不同的菜帮相较，才发现自身所具有的特色和地方风味，往往在市招上加“正宗”二字，突出其地域风味，以招徕不同商帮旅居上海的同乡顾客。不仅市招如此，店内的装潢也各有特色，甬帮状元楼店内的桌椅，一式用虎黄木制造的宁波家具。各帮菜馆灶上的掌勺，店里的跑堂全来自家乡。跑堂俗称堂倌，旧式堂倌肩上搭一条白毛巾，站立门外笑脸迎宾，待客上座，所操皆是乡音。甬帮状元楼的堂倌清一色“阿拉”宁波人，苏帮菜馆堂倌说的是吴侬软语，徽帮菜馆堂倌说的是徽调，当时去某帮菜馆不谙其乡音，会遭受冷遇和白眼的。

但经过最初不同菜帮的狭隘的地域观念，与各自以正宗的对立，最后发现这种独限一隅的方式，无法拓展经营的局面。于是开始互相学习与模仿，并制作适合更多上海人口味的新肴。如徽帮大中楼，将虾仁馄饨与鸭子置于砂锅中同烹的馄饨鸭，菜前堂倌奉送的大血汤，深为上海人喜爱，后来融入上海本帮菜之中，成为沪菜与小吃的一种。粤帮菜虽自标身价，但后来也不得不迎合上海人喜吃虾仁的习惯，杏花楼另创西施虾仁一味，以新鲜的河虾仁与鲜奶滑油而成，既保留粤菜色香味的特色，又切合上海人的口味，是非常有创意的一道菜色。凡新创意的菜色都有其因由，而不是凭空臆想的。不过，后来梅龙镇酒家由扬入川，味兼川扬的川扬菜出现，于是上海有了海派菜。维扬风味的扬帮菜，制作精细，甜咸适中重本味，擅长炖焖的火工菜是其特色，与川味的“七味八滋”完全不同。所谓七味，是甜、酸、麻、辣、苦、香、咸，至于八滋则是干烧、酸辣、麻辣、鱼香、宫保、干煸、红油、怪味，与维扬风味完全不搭调，而且一在长江头，一在长江尾，各行其是，但两种风味绝殊的菜肴，却在上海结合在一起，真是个异数。

当初扬帮菜与川帮菜分别在不同时间进入上海。光绪初，上海著名的扬帮菜馆有新新楼与复兴园，其名馔有清汤鱼翅、卤煮面筋、野鸭羹、肝片汤等。民国初年，则有大吉香、老半斋，尤其老半斋位于小花园尽头（现浙江东路九江路），当时榆柳夹道，环境清幽，沪上词人墨客时吟唱其间。老半斋前身是半斋总会，创于光绪三十一年，是几位在上海开设银行的扬州人的俱乐部，供应扬州面点与菜肴。后来扩大营业开设了半斋菜馆，由扬州人张景轩经营，专营正宗的扬州风味的菜肴与点心，受沪上人士喜爱，后来其账房某离店，在其店对面开了间新半斋，于是半斋菜馆改名为老半斋酒楼。经营迄今仍然是上海一枝独秀的维扬菜馆，其名肴有虾仁干丝、蟹粉狮子头、镇江肴肉、煨淮鱼、清蒸鲥鱼等。现在上海还有扬州饭店，由四十年代扬州名厨莫氏兄弟的莫有财厨房转变而来，其新菜有松子鱼米，名肴有醋熘鲫鱼、清蒸刀鱼、火腿萝卜酥腰、拆骨大鱼头。扬帮菜在上海或创新或承其传统，还皆能保持其故有的风味。

至于川帮菜在上海出现，始于清末，最初英租界四马路（福州路）一带有川帮小菜馆出现，辛亥革命后，国民革命军北伐到上海，军中川人颇多，川帮菜在上海流行起来。当时上海著名的川帮菜馆有都益处、大雅楼、共乐春、陶乐春等。川帮虽以“一菜一味，百菜百味”为号召，但有一个共同的特点，就是既辣且麻，是上海人无法消受的。于是川帮菜为了适应上海人的口味，开始改良。其改良菜有虾子春笋、炒野鸭片、白炙烩鱼、红烧大杂烩、火腿炖春笋、清炖蹄筋，都免去辛辣，尽量迎合上海口味，已为后来的海派川菜，做好了准备工作。

扬帮菜、川帮菜在上海各行其是，至梅龙镇酒家引川入扬，将川帮扬帮结合起来，成为川扬合流的海派菜。梅龙镇酒家于一九三八年，由俞引达与其谢姓友人合资经营，店名梅龙镇，取自京戏的《游龙戏凤》(又名《梅龙镇》)，最初在威海路只有一间门面，供应肴肉汤包维扬小吃，因处偏僻，生意清淡，不胜亏损，由艺文界的李伯龙买下，迁至南京路现址，并邀名媛吴湄任经理，聘请名厨料理，以淮扬名馔为号。抗战胜利前一年，吴湄看准了日本必败，川菜将流行沪上。因此聘请川帮名厨沈子芳来店主理，于是将川味入扬，形成川扬合称的海派菜。吴湄这着棋果然下对了，抗战胜利，接收大员携眷自重庆顺流而下，复员上海。因抗战局居山城，一旦离去，颇似陆游离蜀后，“东来坐阅七寒暑，未尝举箸忘吾蜀”，对川味念念不忘。于是上海的川帮菜又流行起来，四川饭店，洁而精川菜馆兴焉。梅龙镇刚好走快一步，海派川菜得以流行沪上。梅龙镇酒家的海派名肴有龙园豆腐、芹黄鹌鹑丝、梅龙镇鸡、干烧鲫鱼、茉莉花鱿鱼卷、龙凤肉、干烧鳜鱼、干烧明虾等，于是海派川菜在沪上流行，川扬合流的上海的海派菜就出现了。

所谓海派，是上海开埠半个世纪后，在清末民初所出现代表上海文化特色的名词。首先反映在艺术、戏曲和文学方面。在艺术方面，吴昌硕、任伯年等吸收西方绘画技巧，突破传统宫廷的画技，运用简单的线条，生动地绘出人物花鸟，被称为海上画派，是后来海派画的象征。至于戏曲，发端清末民初的改良京剧。创始者为新舞台的夏氏兄弟、汪笑侬、潘月樵等以市民熟悉的古典小说，将过去的折子戏连成全本，故事来龙去脉，清晰可见，唱词少念白多，而念白接近口语，通俗浅显，并引入西方电影技巧，制成声光电化布景，增强演出的效果，后来名角辈出，有麒麟童（周信芳）、盖叫天，这种改良的京戏，又别于北方的京戏，称为南派京戏，这就是所谓的海派京戏。在文学方面则有礼拜六派，《礼拜六》是一本小说杂志的名字，创刊于一九一四年六月，由王钝根、周瘦鹃主编，每期刊载长短小说十多篇，文前冠以社会、军事、爱国、言情、家庭、侦探、历史小说的名类。一九一六年停刊，发行了一百期。一九二一年复刊，内容扩及笔记、译丛、笑话等，主要的撰稿人有陈蝶仙、吴双热、陈小蝶、程小青、李涵秋、吴绮缘等。这些作者被称为洋场才子，作品内容多是吟风弄月、才子佳人之类，迎合上海小市民的趣味与消遣，被称为礼拜六派，其后的鸳鸯蝴蝶派由此而出，张爱玲的小说也受其感染，礼拜六派也可称为海派文学。

文学、艺术与戏曲反映一个社会的发展与演变实际形态，既然都自称或被称海派，已突现上海开埠半世纪的发展，并明显地表现出其独特的文化性格。自称海派某种程度自觉与代表中国文化传统的北方京派不同。上海由一座江南的小城，经过半世纪发展，已蜕变为东方数一数二的大都会，象征着中国都会发展由传统过渡到近代的一个过程。上海原先虽然是江南的一座小城，但由于地理位置与交通，早已具有中国传统商业城市的性格。过去半个世纪中国传统商业城市的市井文化，与西方殖民主义的文化结合后，形成的特殊形态是海派文化历史根源。

所谓市井，是中国自古以来的贸易之所。至于市井文化是唐代坊里破坏后，宋明商业城市兴起，以城市居民为主体形成的一种通俗与现世的文化形态。这种市井文化完全以商业贯穿而形成，和过去中国传统依附土地的农村文化完全不同。由于资本和人口的流动，已缺少过去文化的稳定性，流于浮动与疏离，完全放弃传统商业贸易的义利之辨，以利为导向追求时兴，很少有机会自我反省。日常生活转向现世享乐的追求，沉湎于娱乐与声色，因此传统的市井文化所表现的是通俗和肤浅的。

以商业利益为基础的西方殖民文化，登陆上海以后，首先表现在上海帝国主义的租界区。这种特殊的租界区是列强在上海划定的势力范围，不同的租界区代表不同的西方文化脱离其母体后，在海外的延伸与孤立发展的空间，不仅坚持其文化的优越性，并将其文化与制度在其特定的区域发展与施行。这些不同的文化与制度在上海汇集，却各有其自身的文化篱藩，将上海切割成不同的文化板块，与上海原有市井文化重叠，形成不同的文化边际。在不同的文化边际中最后寻找到一个共同点，那就是中国市井文化里义利之辨的利，和殖民主义中商业主导的唯利结合起来，形成上海华洋杂处、纸醉金迷、十里洋场的冒险家的乐园。

《上海——冒险家的乐园》是一本书的名字。爱狄密勒著，包玉珂译，英文原著与中译本，由生活书店于一九三七年同时发行。全书透过一个诨名狗头军师的冒险家自白，写尽世界各色人等在上海这个大都会以爱情、友谊、宗教、道义的美言好词为掩饰，实际则采用虚伪、欺诈、无赖、狂妄的手段，攫取他人辛勤努力的成果而致富。《上海——冒险家的乐园》所描绘的人物，多少代表某些上海海派人物的浮夸与优越的性格，扩大而言，可能也是海派文化的性格。近年来，上海的学者探讨上海文化的内涵，似有意将海派作为上海文化的象征。当然可以将这一部分摒于过去旧社会形态的发展。事实上，一切的事物的发生与形成都有其历史的根源与社会文化变迁的过程。不过，海派文化除了上述的消极层面外，还有其积极的意义，海派文化是一种非常活跃具有生命的文化，可以兼容并包其他的文化，发展成为自身的文化特色。海派菜的发展与形成，即反映海派文化的兼容并蓄的活力。只是海派文化在上海开埠半个世纪后形成，又经过半个世纪发展之后，却受到钳抑，而且在过去与现代之间，出现了一个断层。最近二十年来上海又逐渐复苏，形成一股巨大的经济动力。这股经济动力正向社会各个层面渗透，也许可能形成新的海派文化。这种情形同时也反映在上海饮食方面。但进出现在的上海菜馆，更超越过去的海派菜，形成只有噱头的超海派菜。往日的情怀似已无迹可寻了。

多谢石家

在桃花未谢柳树飘新的清明前后，披着一身蒙蒙的江南烟雨，又到了苏州。这是十多年来第三次到苏州，但这次去苏州，再不是个过客，要去和当年在苏州的一伙玩伴相聚。当年离别时，大家正是十五十六少年时，如今再相聚，都已白发皤然了。半个世纪的风霜与沧桑，怎能不催人老呢！这次在苏州有较长时间的逗留，不仅慢慢咀嚼着过去的陈年往事，而且也细细品尝了姑苏春天的风味。

一、多谢石家

一九二九年秋天，于右任游苏州泛舟太湖，在光福欣赏桂花归来，系舟木渎，在叙顺楼品尝鲃肺汤，风味绝佳，一时兴起，赋诗一首："老桂花开天下香，看花走遍太湖旁。归舟木渎犹堪记，多谢石家鲃肺汤。"这首诗次日刊于上海《新闻报》的头版。于是木渎石家的鲃肺汤，名扬沪上。

苏州木渎的石家饭店，原名叙顺楼菜馆，又称石叙顺，由石汉夫妇创业于清朝乾隆年间。世代传业，当时接待于右任的，是石汉的重孙石仁安老先生。这次与于右任同游太湖的，可能还有留寓苏州的同盟会老同志李根源。李根源，滇人，留日，入日本士官学校，归国创云南陆军讲武堂，朱德就出于其门下。辛亥革命与蔡锷云南起义，后来又与蔡锷共组护国军讨袁。黎元洪任总统命李根源为农商总长，曾一度兼署国务总理。后来退出政坛，息影苏州，寄情于湖光山色之间，对吴门掌故甚熟稔，先后撰成《吴郡西山访古记》《虎阜金石经眼录》。于右任尝罢鲃肺汤赋诗一首，李根源也即兴留下“鲃肺汤馆”四字，并为叙顺楼写了“石家饭店”的新招牌。自此，叙顺楼菜馆就成了石家饭店。

现在进入石家饭店登楼处，悬有“石家饭店”金字招牌，为于右任所题。但题字落款望之不似右老手迹，不知是否由李根源代题。登楼数步转角处，有费孝通手书“肺腑之味”的横幅。费孝通是苏州附近吴江人，童年与少年求学都在苏州，苏州也是他的故乡。那次他因事返乡，抽暇作灵岩半日之游，并吃了石家的鲃肺汤，认为鲜美绝伦，因而写下这四个字。回到北京后，余味未尽，又写了篇《肺腑之味》的文章，副题是《苏州木渎鲃肺汤品尝记》，对这种肺腑之味叙之甚详，并且对于右任诗中误斑为鲃多所论辩。

鲃鱼，苏州人俗称斑鱼。费孝通认为于右任将斑鱼称鲃鱼，是吴语和秦腔的口音之差，于右任是陕西人，误将吴语的斑鱼称鲃鱼，费孝通遍检《康熙字典》，未见鲃字。而且鲃肺汤所用的主料，是斑肝不是鲃肺，于右任称其为鲃肺汤是不合实际的。但《康熙字典》虽无鲃字却有鲅字，鲅、鲃相通，鲅鱼即斑鱼。斑鱼古称魵鱼，《说文》说："魵，鱼名。出薉邪头国。"薉邪头国是古代北方少数民族濊貊，依濊水而居，在今辽宁凤城。辽宁去吴郡万里，不知此魵鱼是苏州的斑鱼否。魵鱼即斑鱼，《魏略》云："濊国出斑鱼皮，汉时恒献之。"吕忱《字林》谓：魵，通作斑。斑鱼又称魵鱼，似河豚而小，背青，有斑纹，无鳞，尾不歧，腹白有刺，亦善嗔，嗔则腹胀大，圆紧如鞠，仰浮水面。李时珍《本草纲目》认为斑鱼是河豚的一种，有毒不可食。他说（河豚）有二种："其色炎黑有文点者，名斑鱼，毒最甚……不可食。"斑鱼虽似河豚而小，但并非同类，《致富奇书》说："又有一种斑鱼，状似河豚而小，实非同类，食之无害。"

斑鱼似河豚，身长不过三寸，桂花开时群游于太湖木渎一带，花谢则去无踪影，或谓去了长江，清明时节就变成河豚，这是民间传说。但说明河豚与斑鱼不同，一浮游于太湖，一栖于长江，上市的季节也不同，一在清明时节，一在中秋前后。斑鱼的季节不长，苏州人将斑肝称斑肺，习之为常，三吴有名肴炒托肺一味，用的就是青鱼肝。费孝通以所谓的科学的方法，讨论民间俚俗，就失去原有诗意和美感了。不过，现在有一派讨论饮食文化者，用的就是这种方法。但只能说明一种现象，却不能析其原因。

斑鱼吴地俗称泡泡鱼，谚曰："秋时享福吃斑肝"，是一种村野俚食。斑鱼入馔，由来已久。袁枚《随园食单》"江鲜"条下有班（斑）鱼一味："班鱼最嫩，剥皮去秽，分肝、肉二种，以鸡汤煨之，下酒三分，水二分，秋油一分，起锅时，加姜汁一大碗，葱数茎，杀去腥气。"袁枚《随园食单》材料，多取自《调鼎集》。《调鼎集》是扬州盐商童岳荐其家厨烹调资料的汇编。《调鼎集·江鲜部》记斑鱼制法数种。其下有小注谓"斑鱼七月有，十月止"，并且说"状类河豚而极小，味甘美柔滑，无骨，几同奶酪。束腰者有毒"。其制法"斑鱼最嫩，剥皮去秽，分肝、肉二种。以鸡汤煨之，起锅时，多姜汁、葱，杀去腥味"。《随园食单》与此雷同。《调鼎集》除此之外，还有烹治斑鱼法数种：烩斑鱼、炒斑鱼片、烩斑鱼肝、炒斑鱼肝、斑鱼肝饼、烧斑鱼肝、珍珠鱼（即斑鱼子）等，其斑鱼羹治法："斑鱼治净，留肝洗净，先将肝同木瓜酒和清水浸半日，鱼肉切丁，同煮，煮后取起，复用菜油涌沸（方不腥）。临起，或用豆腐、冬笋、时菜、姜汁、酒、酱油、豆粉作羹。"不加豆粉，即为肺汤，石家鲃肺汤或源于此。石家饭店创业于乾隆年间，当是时袁枚虽居金陵随园，但常往来苏州，居唐静涵家。唐静涵是知味者，《随园食单》所载若干佳肴，即出于唐氏侍姬之手。一说鲃肺汤出于书寓，书寓即青楼。

时犹忆当年在苏州，逢秋爽菊黄的时节，侍先大人与家人游灵岩、天平归来，必饭于石家，尝过石家鲃肺汤与鲃肺羹。羹香郁，汤清鲜，各有其美。也抓过满桌跳蹦的壮硕炝虾。当此节令还有一味以雄斑鱼的精白，俗称西施乳，与新剥的蟹粉同烹，香醇柔滑，是人间的至味。所以游罢太湖洞庭东西山归来，过木渎已近黄昏，我说不如去石家吃顿晚饭，于是大伙就去了石家饭店。

下得车来，依稀记得还是石家旧址，但已经拓建了。进得店来登楼坐定，几位蓝裙白衫的侍者拢了过来。面貌娟秀，操软糯的吴语，听起来似弹词开篇，我首先点鲃肺汤，侍者说："对勿住，格个辰光，鲃鱼勿当令，有格，要先日预定。"我听了颇怅然。于是点了活炝河虾、三虾豆腐、清熘虾仁、石家酱方、清蒸鳜鱼、冰糖甲鱼、油泼子鸡、塘鱼莼菜羹、生煸草头，及拌马兰头、鳗鲞等下酒小菜八小碟。

吃苏州菜肴讲的是节令，什么时节吃什么。连陆稿荐的酱汁肉也是清明上市卖到立夏。这回来没有品尝到鲃肺汤，只有等中秋过后再去苏州。不过，现在正是桃红柳绿的四月，还有些时鲜如草头、马兰头、春茭、春笋、塘鲤、刀鱼、银鱼可吃的。

二、碧螺虾仁

在石家饭店虽然没有品尝到鲃肺汤，不过，石家名肴差不多都上桌了。尤其石家酱方，软糯香滑，肥而不腻，咸中带甜，入口即化。明清官府常用酱方待客。称“一品肉”或“酱一品”，传统制法先将见方的五花肉，入酱油浸泡，制成后成枣红色。其后石家饭店以陆稿荐制酱汁肉之法加以改良，陆稿荐的酱汁肉，原名酒焖肉，选上等五花肉入锅煮一小时，加红曲米、绍酒、绵糖，改中火焖烧，起锅后，原汁留在锅中，再加糖，以小火煨成糊状，浇于肉上，色泛桃红，晶莹可喜。石家的酱方以传统制法并以酱汁肉方加以改良，制成的酱方枣色中透着玫瑰红。好看又好吃，确是妙品，下箸不停，吃了不少，临行太太的叮咛，早已置于脑后了。

这个时节不仅吃酱汁肉、酱方，还有樱桃肉可吃。樱桃肉，《调鼎集》云：“切小方块，如樱桃大。用黄酒、盐水、丁香、茴香、洋糖同烧。”这是樱桃肉的传统制法，然状似樱桃，色泽鲜艳，苏州的樱桃肉以红曲米水调色，其形状与色泽皆似樱桃。正是“红了樱桃，绿了芭蕉”的春季佳肴。一路行来，吃了不少酱汁肉、樱桃肉与酱方，但以石家酱方，最为上品。过去台北小小松鹤楼、鹤园、蔡万兴菜馆都有酱汁肉可吃。尤其当年小小松鹤楼案上掌刀的师傅，出自姑苏松鹤楼，所制酱汁肉最佳。如今小小松鹤楼与鹤园，早已歇业，蔡万兴的酱汁肉色味都已改变，甚粗，已经不能称其为酱汁肉了。至于酱方，乡村与乡园有售。乡园是原开设在西宁南路的石家饭店易名，其酱方尚可一吃，但难望木渎石家酱方的项背。犹忆多年前，在余纪忠先生府上，吃过其家厨所制的酱方，一方晶晶颤颤的五花肉置于盘中，座上客多不下箸，我独享甚多，其味颇佳。

离开苏州多年，对苏州的清炒虾仁思念至深。苏州的清炒虾仁，用的是太湖的白虾，《太湖备考》云："太湖白虾甲天下，熟时色仍洁白。大抵江湖出者大而白，溪河出者小而色青。"太湖白虾又名秀丽长臂虾，体色透明，略见斑纹，两眼突出，剥出虾仁清炒起来，个个晶莹似拇指大的羊脂白玉球，真是天下美味。那次，初访江南，前后两周，吃了十三次清炒虾仁，都不似旧时味。不仅料不新鲜，而且颗粒细小，其中一次吃了一盘清炒虾仁，其细小如米粒，不知丧了多少苍生。倒是后来再去江南，过无锡游太湖，饭于聚丰园，识得一特级厨师，相谈甚欢。约定探访宜兴丁山的紫砂壶而来，他为我准备了梁溪脆鳝与油爆虾，两味都是妙品。尤其油爆虾，用的是太湖白虾，体硕、壳薄、肉鲜美。

这次去苏州，朋友怜我没有吃到可口的虾仁，餐餐皆有虾仁，不论清炒、油爆、盐水或蟹粉同烹，或鳝片同爆，与十多年前相比，不论色香味皆不可以道里计。的确，当时在开放之初，从最初没有什么可吃，到有东西吃，然后再慢慢更上层楼，其间是需要一个过程，不是一蹴可成的。这次吃了不少清炒虾仁，以石家饭店那碟最佳，因地近太湖，用料新鲜，和中午在东山雕花楼宾馆的碧螺虾仁，前后相映成趣。

中午在东山雕花楼餐厅吃饭。雕花楼濒临太湖，为民初商人金锡之所建，又名春在楼，梁柱窗栅，甚至进门的门槛无处不雕花，或砖雕或木雕，都非常精细，但图案多是孔方兄的金钱，铜臭满溢，实在俗得紧。倒是楼外宾馆的餐厅，装置得很雅致，红木桌椅，壁间有字画，梁上悬着盏纱灯，而且那席湖鲜宴，除八味小碟外，菜肴有碧螺虾仁、盐水白虾、葱姜白鱼、螺中寻宝（大田螺酿肉）、白果残鱼、塘鱼炖蛋、樱桃肉、炒面苋、肉末茄条、旺鱼莼菜汤。地在湖滨，材料就近取之，清新可喜。饮五年的陈绍，吃江南佳肴饮此酒，别有一种风韵，一路行来，饮的都是这种酒，其名“古越龙山”。

这是一席姑苏仲春的时鲜，为首的就碧螺虾仁了。碧螺虾仁以缥缈峰下新焙茶叶，取其二泡茶汁与新鲜的虾仁同烹，并以碾碎的碧螺春粉末拌盘，点而食之。和杭州的龙井虾仁不同，杭州的龙井虾仁以发妥的龙井炒虾仁，虾仁黏着茶叶，我在杭州吃过，不似此处的碧螺虾仁清雅脱俗。碧螺春是中国的名茶，仅产于太湖的东西山，产量不多，尤以清明前焙出的新茶为佳，我来正在清明前，在西山石公山上的茶亭，沏新焙的碧螺春一杯，当时细雨初止，亭外的桃花沾满雨珠，山下岸旁新柳如洗，在微风中飘荡，烟波的太湖蒙蒙，此情此景可以入诗入画。

三、吃煞太监弄

我临来苏州前，请朋友先订妥乐乡饭店。一九四九年前，乐乡是当时苏州最豪华的饭店，不过现在已经陈旧没落了。我准备住乐乡，因地近北局，转个弯就是太监弄。出太监弄是观前街，正对着玄妙观。苏州有句俗语："白相玄妙观，吃煞太监弄。"现在为了发展观光，经过整修粉饰过的观前街与玄妙观实在呒啥好白相了，也就是没有什么好玩了。但以酱汁肉闻名的陆稿荐，卖糕团的黄天源，专售茶食的稻香村、采芝斋、叶受和，虽然门面改了，还继续在观前街营业，都是百年老店。至于太监弄里，更有许多好吃的。这是我选择住乐乡的原因。

北局是明代专供皇家丝绸的织造局所在地，皇帝派宫中亲信太监专驻提督，大小太监就住在北局旁，后来称为太监弄。这一带是我少年时常流连的地方。苏州的戏院电影院与说书弹词的剧场，都集中在北局。当年我看电影听戏的大光明与开明戏院，如今还在，苏州著名的饭店、酒馆、茶肆都在太监弄。

太监弄不长，只有二百来米，原来很狭窄，一九三九年拓宽后许多饭店在这里开张。新开的菜馆有三吴、味雅、老正兴，还有大东粥店、新新菜饭店、大春楼面馆和原来就在这里的功德林素菜馆、吴苑茶室生煎馒头店。另外还有元大昌、金城源、老宝和、同和福酒馆也在这里，专售老黄酒，没有热炒，但有些卖佐酒小菜的妇人穿梭其间。她们卖的有虾饼、拼二笋、香椿拌豆腐、拌马兰头、笋丁枸杞头、糟鱼、糟鸡、糟肚头、熏猪肉内脏、爆虾熏鱼、鳗鲞等。这些佐酒的小菜，后来就是现在酒席的前菜八小碟。所以，大筵小酌，吃点心喝老酒太监弄都有，真的是“吃煞太监弄”了。

现在的太监弄有松鹤楼、得月楼、王四酒家、京华、上海老正兴、清香斋、五芳斋等。喜的是朱鸿兴面馆，也从人民路（先前的护龙街）搬回来了。苏州人吃早点，在家吃粥或泡饭，泡饭是将先日剩饭加水泡煮，配小菜食之。苏州俗话说：“早上起来冷飕飕，吃碗泡饭热烘烘。”在外面吃早点则吃面。所以，苏州著名的面店有朱鸿兴、观振兴、近水台、新聚春等，有的已有百年以上的历史。面的种类很多，有焖肉、熏鱼、爆鳝、鳝丝、炒肉丝、虾仁、虾丝、三虾、虾蟹、卤鸭，另外还有焖肉与熏鱼双拼。而且焖肉不用硬肋，肉丝必选后腿，鱼活杀，虾仁新剥。我喜欢吃的是朱鸿兴的焖肉面。

朱鸿兴原来也在太监弄，后来迁到人民路怡园对面。当时我上学从住家的仓米巷（写《浮生六记》的沈三白和芸娘，当年就住这巷子里）经过护龙街，在朱鸿兴停下来，先吃碗焖肉面，再去上学。离开苏州多年，想吃的还是碗焖肉面（焖肉面的美味，我在另一篇文章里表述过了）。所以，上两次到苏州，都去了朱鸿兴，第一次去朱鸿兴，朱鸿兴正拆楼改建，望着残砖断瓦，心里颇为怅然，于是去了观振兴。隔了几年再去苏州，朱鸿兴虽已建妥，但新厦却已变成了旧楼。吃了一碗焖肉面，但不是旧时的味道，而面条用的是小阔面。

小阔面是后来开张的新乐面店所创，其他面店相继也改用小阔面，但小阔面不如先前银丝细面那么清爽，即使阔汤大煮后，仍然汤不混浊，保持原来的口感。后来听从苏州回来的朋友说，朱鸿兴已经改回原用的银丝面，心中颇喜。这次再去朱鸿兴，焖肉面已复昔日的旧观，焖肉见热即融，酥而不改其形，入口即烂不必齿啮，面清爽汤甜腻，真是妙品。所以，在苏州的几天，差不多每天晨起，穿过是时宁静的北局，到太监弄的朱鸿兴去，一杯碧螺春，一碗焖肉面，再配一盘蟹粉包子或汤包，或眉毛酥或刚出炉的蟹壳黄。是时座上客人寥寥，我独居一角，慢慢吃着焖肉面，偶尔俯望窗外，依稀旧时光景。

不过，偶尔也会到松鹤楼的早点部吃一碗卤鸭面，再来二两生煎馒头。松鹤楼还保持过去售票的习惯，面也是先买票后自取。松鹤楼的卤鸭面，用的嫩乳鸭，活杀后，夜半烹制，早晨供市，鸭肉微红，肉酥嫩而不脱骨，汤是原汁鸭汤，的确有其传统。松鹤楼是乾隆时开业的老店，金字招牌也是乾隆亲笔御题的。因此自标身价，除卤鸭面是大众的早餐食品价钱普罗，若登楼点菜价钱就不便宜了。记得十多年前松鹤楼刚从观前街迁到这里，我在松鹤楼吃了一盘炒虾蟹，价钱是一百八十块人民币，这个价钱是当时一般人两个月的薪金，结账后心里甚有愧意。

所以，这次除了吃碗卤鸭面外，没有上松鹤楼，都是在对面王四酒家与得月楼吃的。王四酒家原坐落在常熟虞山脚下，始建于光绪十三年。常熟是光绪老师翁同龢的故里，翁戊戌政变被贬还乡，曾在王四酒家品尝过店里酿制的桂花酒，并挥毫题了“带经锄绿野，留露酿黄花”。或谓王四酒家的名肴叫化（花）鸡，即由翁氏传授。相传一日翁同龢游兴福寺，忽闻异香，闻香往寻，见一乞丐正依火堆吃鸡，翁同龢取其鸡肉尝之，觉甚有风味，询其制法，乞丐说偶得一鸡，无奈无炊具调料，即宰鸡去内脏，带毛涂以泥，置火中烤，泥干，敲去泥，毛亦随之脱落，即食。翁同龢将其方告知王四酒家，并命厨下加葱、姜、盐、丁香、八角等十二种调料，用网油紧裹鸡身，再以荷叶包裹，外涂绍酒坛用的黄泥，入火煨烤，翁氏并亲笔题书叫化鸡，成为王四酒家的名肴。后此肴外传，因其名不雅，更名教化鸡或富贵鸡，其实叫花子与富豪虽相去天壤，嗜美味之好是相同的，何必更名，且鸡名富贵俗得紧。

记得初食叫化鸡，在香港天香楼。点了一味叫化鸡，等到上菜，二侍者抬一火盆上来，其中载一泥裹的叫化鸡，心想糟了，当时正在新亚研究所当学生，苦学生的口袋没有多少钱。于是，我又点了一味蟹粉蹄筋，对同座的同学说我出去一会，于是，出门乘计程车回学校借钱，回来才算账出门。同来的那位同学出门直说好吃，我却不知其味。

现在王四酒家，总店就在太监弄。上两次过苏州，时间仓促没有吃叫化鸡，这次总算吃到了。那日雨中游罢拙政园，中午饭于王四酒家，菜有八小碟、叫化鸡、梅汁乳蹄髈、炒虾蟹、银鱼蒸蛋、三丝蒸鳜鱼、咸蛋蒸臭豆腐、春笋塘鱼咸菜汤。这也是一席苏州春天的时菜。王四酒家的叫化鸡的确与众不同，鸡腹中的塞料已煨鸡合而为一，合众味成一味了，软糯香醇，是他处所无。杭州楼外楼的叫化鸡，是不可相提并论的。梅汁乳蹄髈也是王四酒家的名肴，以梅汁与腐乳汁调治，味道与酱方不同。喜的是咸蛋蒸臭豆腐，臭豆腐对切成三角形，再各片数块，中酿高邮咸蛋黄，以鸡汁蒸成，味糯臭香非常雅致，这是苏州菜的特色，不像台湾店里蒸臭豆腐，那么粗俗单调。

得月楼的旧店在王四酒家隔壁，大陆电影《满意不满意》，拍的就是得月楼。新厦在对街，一九八二年以苏州菜馆的原址，采苏州园林式建筑改建，我们游罢周庄、同里、角直后，在这里晚饭，菜有八小单盆、蟹粉虾仁、水煮鲈鱼片、三丝银鱼羹、樱桃汁肉、腰果鳝片、得月子鸡、生炒甲鱼、椒丝通菜、茭白豆仁、松鼠鳜鱼、砂锅野鸭，点心两道，加上水果，也是一席苏州春天的酒菜。生炒甲鱼过去在杭州有个小店里吃过，但不如得月楼的鲜嫩味美。

后来我又去得月楼小酌，因为得月楼采庭园建筑，楼下的小吃部也很雅致，厨房现代化，隔着一块大玻璃，烹调的过程看得清清楚楚，点了春笋腌笃鲜、虾爆鳝、炒虾丝和拌马兰头几味下酒的小菜，又点了清蒸刀鱼，现在正是阳春三月吃刀鱼的季节。刀鱼平日栖于江口近海处，每年三月集游入长江中下游的淡水湖川产卵。清明前最佳，刺软，过时刀鱼的刺就变硬了。

刀鱼，又名鮆鱼，陶朱公《养鱼经》云："鱼（鮆鱼）狭薄而首大，长者盈尺，其形如刀，俗呼刀鲚。"杜甫有诗所谓"出网银刀乱"，指的就是这种刀鱼。苏东坡也说"恣看修网出银刀"。自来认为清明前后的刀鱼，味美甚于河豚或江鲈，宋刘宰有诗云："芼以姜桂椒，未熟香浮鼻。河豚愧有毒，江鲈惭寡味。"李渔就认为刀鱼是"春馔妙品"，他说："食鲥鱼及鲟鳇有厌时，鲚则愈嚼愈甘，至果腹而犹不能释手者也。"刀鱼虽味美，惜多刺易卡喉咙，所以刀鱼又称"骨鲠卿"。治刀鱼宜先去其刺，一是烹熟后，庖人以手摸去卡刺，正如林兰痴《邗江三百吟》所谓"皮里锋芒肉里匀，精工搜剔在全身”。二是取生料净鱼肉烹制，至于清蒸则保持其原形，卡刺自理。扬州名肴双皮刀鱼，则是烹熟后取骨后料理，除此之外还有白炒白刀丝、八宝刀鱼、出骨刀鱼球。江阴的去骨刀鱼煨面，是钱宾四先生念念不忘的妙品。

多年前，自香港回台湾，带了四瓶莼菜，到外双溪素书楼，拜谒宾四先生，夫子大悦，却兴了莼鲈之思，大谈江南美馔，尤其对江阴的刀鱼面，汤浓面鲜，难以忘怀。我侍夫子，因性驽才拙，甚少问学，奉烟侍馔而已。夫子爱江南，独钟苏州。那次去苏州，访耦园夫子著书处，低回留之不能去，归来禀告，宾四先生默然良久。宾四先生不能回姑苏，逝后归骨西山，面向烟波的太湖，终于了却他多年心愿。我这次访西山，因时匆匆，没有探询到墓园的确址，不能前往拜祭，心里十分愧歉。恰巧宾四先生女公子钱易来苏州开会。当晚偕其在苏州的幼妹钱辉来访，约定下次如再去苏州，将同访洞庭西山。

虽然，我不善食鱼，尤其是多骨的鱼。但那盘清蒸刀鱼，配古越龙山半斤，竟被我慢慢拨弄着吃罄了。

按：这年重阳，又去苏州，内人偕行，谒钱宾四先生墓园归来，饭于石家饭店，得尝鲃肺汤，然味不如前。

烟雨江南

这次去苏州，正是清明前后，清明时节的江南是有春雨的，那春雨早已飘洒在诗人的诗句里。淅沥的春雨，滴答在旅店的檐外阶前，又添多了几许闲愁。不过绵绵的春雨也有歇的时候，但天空灰沉沉的，飞着几行细如牛毛的雨丝，偶尔也会放晴，出现一片蓝天和阳光，空气里弥漫着水汽，雾雾蒙蒙的。蒙蒙的水汽，仿佛孕育着一股生命的跃动，菜花黄了，桃花红了，杨柳也绿了。燕子低翔过青青的田野，青青田野里色彩也丰富起来。这些年已看尽世态的炎凉，却很少体会到季节春秋的变换，没想到现在早已被我遗忘江南的春天，竟悄悄在我身旁展现了。

再到苏州，不是为了探幽览胜，为的是一圆少年时的梦。经过几位朋友的穿引，分别了五十二年的少年玩伴，在过去分别的地方再作一次的聚会。从各地来聚的竟有三十多人。我得到消息，于是似孤雁自海外飞来。虽说人生尽是悲欢离合，但这样当年离别时，正是少年十五十六时，现在再聚，都已历经沧桑白发皤然了，真的是人生难得几回聚。

当年我们相识相聚，偶然但也不偶然。因为大家都欢喜戏剧，组织了一个苏州戏剧研究社，准备排戏对外公演。但剧社成立了，却没有适当的社址。当时我家的宅第很大，两幢前后相连的洋楼，我独据后楼。后楼有一间不小的卧房，相连一间很大我却不常用的书房，书房外是个很宽敞的阳台，而且后楼有单独的楼梯上，和前楼的家人不相干扰，这里就成了剧社的社址。至于排戏练歌习舞，花园里有间堆放燃料柴火的房子，还有一半空着，面积很大，够大家翻腾的。花园有两亩来地，柴房在花园一隅，再吵也吵不到旁人。现在这片宅第与花园，已成了苏州第二人民医院了。

最初剧社的社员有三四十人，数我最小，只有十五岁。但其他的也不大，都在高中或大一就读，最大的也不满二十。社址和排演的场所都有了，大家凑在一起，计议着公开演出，但小孩子不能演大戏，最后选择一个儿童剧《巨人的花园》。经过三四个月的排演和准备，最后终于公演。演出的地点，就在我现住的乐乡饭店对面的一个小剧院，当然现在早已拆除了。这次虽然是初演，而且又是儿童剧，却非常成功，场场客满。

我在《巨人的花园》担任一个非常吃重的角色，是个反派，专门帮助巨人搜刮与欺压花园附近的良民。这次聚会竟看到我当年的剧照，穿着一套京剧《时迁偷鸡》的黑紧身戏衣，头发披散，三角眼，两撇八字胡，的确很坏的样子，不知当时小小年纪怎么会扮出这个坏样来。不过，反应却非常好，看戏的小朋友都叫我坏胡里。胡里是剧中人的名字。

这次演出虽然成功，但经费短缺，一时无法作第二次公演。但剧社却没有闲着，继续对剧本，并且支持苏州的中学或大专演出晚会。在东吴大学的晚会上，唱过《黄河大合唱》，朗诵了田间《她也要杀人》的叙事诗。我还被派到江南助产护校，导演过李健吾的独幕喜剧，并且临时被拉去客串一幕大戏里的父亲，因为这个学校都是女孩子，没有谁愿意反串老头，我看了看剧本，没有排演就上场了，竟然没有出岔。我一连多天没回家，也没有上学，晚上就在她们的教室，拼几张桌子就睡了。这个学校是个旧宅第改的，夜来风雨，我躺在硬板桌上，听着檐上淅沥的雨声，心想还只有十五岁，既做导演，又演人家的爸爸，真的是成熟得太快了。

是的，的确成熟得快了些，而且也能处理一些临时发生的事故。后来剧社到常熟公演，我和另一位学长作为先遣人员，先到常熟筹备，包括接洽剧场，安排剧社四五十人的食宿，还得到街上贴海报。等公演时候繁杂的事更繁杂，既要上台演出曹禺的《正在想》，虽然是个独幕剧，我在剧社中既是班主也是主角，同时还得应付难缠的荣誉军人。荣誉军人就是伤兵，是当时的十大害之一。一袭灰的外套，胸前缀着个红色的大十字，乘车看戏不用票，而且人数众，我们在常熟演了三天六场，一半的位子划给他们外，还专为他们加演了两个早场，不然就要砸场子。散了戏他们就接我去喝酒，他们喝老黄酒，我喝酒酿，但酒酿喝多了也会醉的，可是不能不喝，这是应酬，真的是人已在江湖了。

那时为了演戏，学校已经很少去。不过，却读了不少杂书，包括艾思奇的《你是人，不是那鱼》的那种书。不知为什么欢喜起长短句的新诗来，而且也学着写。因此，读了《七月诗丛》，唐湜编的《诗创造》诗刊，艾青的《向太阳》《大堰河》，普希金和马雅可夫斯基的诗，不过我欢喜的还是冯至的《十四行集》。这本诗集一直带在身边，后来我十六岁在嘉义被捕下狱，冯至的《十四行集》也被搜去了。小说比较欢喜老舍的，包括他的《老牛破车》在内，当时他出版的一系列小说都买齐了。翻译小说是《钢铁是怎样炼成的》和《静静的顿河》。还有曹禺的《雷雨》《日出》和师陀《大马戏团》的剧本，即使走在路上嘴里也念念有词，背的是剧中的台词。不然，就哼《茶馆小调》或"山那边哟，好地方"。

不过，我并不知道山那边在什么地方，但现在还记得其中的歌词："山那边哟，好地方，一片稻田黄又黄，大家唱歌来耕地哟，万担谷子堆满仓，大鲤鱼呀，满池塘……老百姓呀管村庄……"这是山那边的欢乐景象。但没有人告诉我们山那边在什么地方，就像当时许多电影的结局那样，一群青年人走了，走在遥远漫长的路上，突然阴霾的天空，出现一线阳光，阳光正照在他们年轻欢笑充满希望的脸上，他们要哪里去呢？也许就是“山那边”。

当时的电影往往是没有剧终字样的，一种是青年到“山那边”去，一种是最后出现个大问号，电影是反映现实的，留下一个问号等你回家慢慢想。就像昆仑公司出品，由蓝马、上官云珠、吴茵主演的《万家灯火》那样，最后上官云珠和吴茵婆媳争吵后，各自离家出走了，身为丈夫与儿子的蓝马，坐着三轮车在万家灯火的上海街头寻找他的亲人，一脸凄惶茫然，故事就这样结束了，但留下一个大问号，这个问号，当然不是让观众去想他找到母亲和妻子没有，那么简单了。

现在已经知道，昆仑公司是当时中共地下党办的电影机构。出品的电影虽然不多，但都是些动人心弦的好片。尤其是由蔡楚生导演，白杨、陶金、舒绣文、上官云珠、吴茵、严工上等主演的《一江春水向东流》。片子分《八年离乱》《天亮前后》上下两集，具体反映了抗日战争及胜利后的现实问题。很多人都去看了，但都是涕泪交流红着眼睛出来。我们大伙也去看了，但事先约定是去观摩演技的，不能像一般观众那样流泪，谁哭就请大家吃馄饨，后来馄饨是吃了，却是各付各的钱。

苏州是座千年的古城，被厚厚的城墙环绕着，虽曾历经劫难，但对城里人的生活改变不大，就像我们剧社这一伙，家庭衣食无虑，生活既平淡又平静，很难会感受到山雨欲来风满楼的。但现在风雨真的来了，就像那时石挥在北局的金星戏院主演的《升官图》那样，幕启后，他听罢窗外风雨声中，隐隐传来的凤阳花鼓歌，然后感叹地说："十年九荒，十年没有荒九年，倒整整闹了十年的兵灾。"那时抗日烽火乍歇，紧接着又是战乱连年，大家都盼望着没有战乱的日子，于是，"山那边哟，好地方"就隐隐浮现了。但从我们生活的地方，要过渡到山那边去，中间要经历一个过程，那就是革命。所谓革命就是突破现状，创造另一个生活环境，简单说就是毁灭与新生。但毁灭以后如何新生，却是大家无法也无暇思考的问题，就被催促着走上革命这条路。

就在这个当口，我离开大伙远去。一去就是半个世纪，现在我又回来，就像在我们聚会最后的午宴上，唱的那两句戏词："弟兄们分别五十春，我和你沙滩会两离分……"这是《四郎探母》兄弟相会时，杨四郎的唱词，不过，我将"十五春"改成了"五十春"，其间有更多难诉的离情和悲怆。

这次来苏州，住在乐乡饭店。乐乡饭店对面就是我们演《巨人的花园》的戏院，虽然戏院早已拆了，但还有几许往日情怀可索寻。当我离开乐乡饭店转过北局，穿过观前街，到玄妙观后面的大鸿运，和大伙相聚时，很难诉说当时的心情是悲是喜。这一带是当年大伙常流连的地方，虽然现在已有许多改变，但还是非常熟悉的，就像熟悉自己身体的一部分那样。我踩着玄妙观的石板路走着，许多年轻欢笑的身影，刹那间涌现眼前，然后摸着自己被风吹散的满头白发，心想现在大家也该和我一样，都是少年弟子江湖老了。

是的，现在大家真的少年弟子江湖老了。当我登上大鸿运的三楼，站在大厅外朝里望，厅内已聚集了许多老先生和老太太，竟然看不出一个往日的旧相识。我生怯怯走进大厅，昨天撑着我名字的旗子到车站去接我的朋友，发现了我，喊着："逯耀东来了。"于是大家拢了过来，我望着他们，真是"纵使相逢应不识，尘满面，鬓如霜"了，这些往日的旧相识，现在已经不相识了。但我定睛再看，又捉捕到昔日的笑容和美丽的眼神，立即喊出他们的名字。于是，我们握手，把肩，相拥。

然后，我们坐下来，喝茶，嗑着瓜子，缓缓地诉说着往事，也许我们现在大家都一把年纪，留下的只有回忆了。虽然在座三十多人各人都有一段难忘的往事，但现在大家回忆的往事，却都集中在我们演戏的那段日子。刹那间时光倒退到我们欢乐的少年时，并且在那里留住了。是的，也许我们都各自拥有不同的悲伤或欢乐的记忆，但大家共同拥有的却不多。谈着说着，不觉暮色已从窗外悄悄透入。最后剧社的女社员集中在一起，在暮色里唱了一曲《黄河谣》，虽然她们的年事已高，但那歌声却婉转幽幽，一似当年大家唱《黄河大合唱》时的光景。

往后几天，一串充满感情的旅程，随着展开了。我们在烟雨蒙蒙中，走访苏州城内的庭园，市郊小桥流水绿柳桃花夹岸的古镇。当我们访问太湖西山的石公山，爬到山顶的茶亭，沏了一杯新焙的碧螺春，慢慢啜饮着，五位当年在常熟演出时，跳新疆舞曲的女社员聚在一起，唱起“我的青春小鸟一去不回来”。现在她们都是人家的祖母了，她们唱着跳着，在她们的歌声和舞姿中，仿佛看到当年红裙白衫、发系红色花带的五位小姑娘，在舞台上妩媚地唱着跳着……

随着她们的歌声，我悄悄步出亭外，亭外的雨已歇，千朵带雨的桃花，含着晶莹的雨珠，在微风中摇曳着，山下岸边万条雨后的新柳在风中飘荡；绿柳外是浩瀚的烟波太湖。这是春天，是江南的春天，我们都在江南的春天里留住了。留住的是一伙平凡的人，共同拥有的一格历史场景。

钱宾四先生与苏州

钱（穆）宾四先生逝世十年了。今年春天我去苏州，在烟雨蒙蒙的清明前一天，访洞庭西山，想到宾四先生墓上祭拜，但因没有确切的地址，而又天雨路滑，未能如愿。中秋后去苏州，终于在重阳后五日，一个秋高气爽的日子，来到西山镇夏俞家渡村后的小丘上，奉上一束鲜花，拜祭宾四先生。宾四先生的墓后枕青山，前对烟波浩瀚的太湖，下面是一片结满金黄果实的橘园，没有想到宾四先生在海外多年，最后终于埋骨他长久思念的苏州，在洞庭西山永远安息了。

一、紫阳书院的日子

对杜荀鹤《送人游吴》诗所谓“君到姑苏见，人家尽枕河。古宫闲地少，水巷小桥多。夜市卖菱藕，春船载绮罗。遥知未眠月，乡思在渔歌”的苏州，宾四先生有太多的思念。虽然他在苏州前后生活的时间并不长，但深爱那种恬淡的生活情趣，甚至最后想终老于苏州。宾四先生《师友杂忆》说：

乱世人生，同如飘梗浮萍。相聚则各为生事所困，相别则各为尘俗所牵。所学则又各在蛮触中，骤不易相悦以解。倘得在升平之世，即如典存（汪懋祖，苏州人，留学美国，曾任北平师范大学校长，后任苏州中学校长）、瞿安（吴梅，一代昆曲宗匠，著作斐然）夫妇以至松岑、颖若（沈昌直，喜诗，尤爱东坡诗，宾四先生无锡三师同事，后同时应聘苏州中学）诸老，同在苏州城中，度此一生，纵不能如前清乾嘉时苏州诸老之相聚，然生活情趣，亦庶有异于今日。生不逢辰，此诚大堪伤悼也。

宾四先生是民国十六年（一九二七）秋季，由无锡省立第三师范旧同事胡达人的推荐，到省立苏州中学来教书，时年三十三岁。省立苏州中学是当时全国著名的中学，初中部在草桥，高中部在三元坊紫阳书院的旧址。王国维就曾在紫阳书院教过书。

紫阳书院创于清康熙五十二年，由巡抚都御史张伯行所建。当时康熙提倡朱熹之学，钦定《紫阳全书》，用以“教天下万世，其论遂归于一”。朱熹字紫阳，以紫阳为书院名，是朱学的正宗。其后江苏布政使鄂尔泰，于雍正三年重修紫阳书院，并建春风亭，常与士子吟诗作赋于亭中。后来乾隆六下江南到苏州，都到紫阳书院题字作诗。据《吴县志》载紫阳书院初建近二百年，掌院二十九人，都是名重一时博学鸿儒，钱大昕曾做过紫阳书院的掌院。掌院就是院长。

宾四先生的《师友杂忆》说：

> 苏州中学乃前清紫阳书院之旧址，学校中藏书甚富，校园亦有山林之趣。出校门即三元坊，向南右折为孔子庙，体制甚伟。其前为南园旧址，余终日流连徜徉其田野间，较之在梅村泰伯庙外散步，尤胜百倍。

苏州人称孔庙为文庙，据《吴县志》宋景祐元年范仲淹任苏州知州，奏请“建先圣庙于吴”，并将其购自钱氏的南园土地让出，兴办苏州府学。府学建筑与孔庙平行。苏州府学成立后，范仲淹礼聘大儒胡瑗（安定）来苏州讲学，苏、湖两州士子千余人受教。后来著名的理学家程颐、程颢也来听讲。明徐有贞《苏郡儒学兴修记》云：“苏为郡甲天下，而其儒学之规制亦甲乎天下。”其后形成苏学。王鏊称苏学“深广巨丽，天下第一”。宾四先生俯仰在这种学术气氛的环境之中，也许其日后的宋明理学，晚年的《朱子新学案》，已在酝酿了。

至于范仲淹购自南园之地，是五代吴越时，苏州团练使钱元璙的旧宅第。《九国志》说钱元璙“颇以园池花木为意”，而创建“南园、东圃及诸别第，奇卉异木，名品千万”。范仲淹《南园诗》云：“西施台下见名园，百草千花特地繁。”不过，后南园至北宋末渐渐没落，园中亭台倾圮，更遭建炎战火。盛况已不再，但余韵尚存。明高启《南园》云：“园中欢游恐迟暮，美人能歌客能赋。车马春风日日来，杨花吹满城南路。”至清末更见荒芜。袁学澜诗所谓“风阁云亭渺旧迹，只余乔木荫清池”。南园一带已变成民居与菜田了，所以袁学澜说：“风回紫陌菜花香，寥落西池放野棠。”宾四先生晨夕漫步在这“醉乡一角留飞觞，畦菜墙桑别有天”的南园田野之中，怎能不有兴替之感。

出紫阳书院，经文庙向东就是沧浪亭。南园的范围很广，沧浪亭也在其中。沧浪亭原来是钱元璙近戚吴中节度使孙承佑的别馆，由苏舜钦（子美）以四万钱购得。苏舜钦原在汴京为官，后坐事削职为民，举家南迁、寓居苏州。苏舜钦购地之后“构亭北碕，号沧浪焉”，名曰沧浪，意取屈原《渔父》：“沧浪之水清兮，可以濯吾缨，沧浪之水浊兮，可以濯吾足。”并自号沧浪翁。沧浪亭和苏州其他园林不同，沧浪之水不藏于园中，而是葑溪之水，经南园曲折流到园前。沧浪亭筑于园内东首的假山最高处，为康熙时重建。亭柱有一副楹联：“清风明月本无价，近水远山皆有情。”上联出自欧阳修《沧浪亭》“清风明月本无价，可惜只卖四万钱”，下联则是苏舜钦《过苏州》“绿杨白鹭皆自得，近水远山皆有情”。沧浪亭沿水垒石，间植桃花杨柳与碧竹千竿，是临水赏月的最佳处。沈三白与芸娘曾在此赏中秋月。《浮生六记》云：“过石桥，进门折东，曲径而入。叠石成山，林木葱翠。亭在土山之巅，循级至亭心，周望极目可数里，炊烟四起，晚霞烂然……携一毯设亭中，席地环坐，守者烹茶以进。少焉，一轮明月已上林梢，渐觉风生袖底，月到波心，俗虑尘怀，爽然顿释。”

这境界正是欧阳修《沧浪亭》诗中所咏的“风高月白最宜夜，一片莹净铺琼田。清光不辨月与水，但见空碧涵漪涟”。宾四先生在苏州中学三年，紫阳书院的学术正宗，南园田野的沧桑变换，沧浪亭月色的出尘脱俗，是他在苏州的生活情趣的凝聚，也是宾四先生生活情趣的理想境界。

不过，宾四先生在苏州还有另一种情趣。他说：“城中又有小书摊及其旧书肆，余时往购书，彼辈云昔有王国维，今又见君。”宾四先生喜聚书，在北平教书的几年，就搜集了五万余册，卢沟桥事变，宾四先生仓皇南下，这一部分书都轶散了。出三元坊向北，过饮马桥就是护龙街繁华所在，当年察院场一带都是旧书铺和书摊。察院场原来是处决人犯的地方，现在竟满溢书香。明清以来江南经济繁荣，三吴地区藏书家辈出，然几经战火，宋元刊刻，明清善本散于坊间，供识者披寻，在堆积如山的书海里觅书。并且与儒雅知书的店主人攀谈，可能是宾四先生在苏州三年生活，最大的享受了。

宾四先生觅得心爱的好书，可能由察院场转入观前街，观前街玄妙观前，是苏州热闹的所在。观前街面对北局，是苏州的娱乐中心，转过去就是太监弄，是苏州饮食集中的地方。太监弄里有吴苑深处，是苏州人吃茶的地方。吃茶也是苏州人生活情趣的一种，苏州有句谚语“早晨皮包水，下午水包皮”，也就是上午吃茶，下午泡澡堂。吴苑深处占地颇广，辟出许多茶室，分别是前楼、方厅、四面厅、书场、爱竹居、话雨楼，后面还有澡堂。吃茶人各选各的吃茶地方，较保守的人在桂芳阁吃茶，生意人在三万昌，“少年新进”则在吴苑深处。在吴苑深处吃茶多是士绅、纨绔子弟和教员。

宾四先生在吴苑深处，与友三数人，各据藤躺椅一张，共谈天下事，或身边琐事。吃茶并吃些白糖松子或黄埭瓜子一类的茶食，饿了来客生煎馒头或蟹壳黄，糕团甜食之类，累了到里面泡个澡，闲来无事，则去书场听听评弹。当年苏州著名的评弹艺人，多出自吴苑深处。宾四先生对评弹很有兴趣。他在《师友杂忆》说：

余在港时，某生为余购来大陆唱平剧及吹弹古琴箫笛等许多录音带，余得暇屡听之，心有所感。返台北，及此讲演稿成书，遂续写《中西文化比较观》一书，先写在港听各录音带所存想，依次续写，又得约二十篇，亦俨可成书矣。

文中所谓的某生，就是我。我记得那次买的录音带，还是苏州评弹较多，能听懂评弹又喜爱评弹，宾四先生已融入苏州人的生活情趣之中了。我买这些录音带，只想宾四先生消解客中的寂寥，没想到宾四先生竟由此，引申中西文化的比较，由此可以想见宾四先生的著作，和他个人的生活情趣是相关的；只是世人讨论宾四先生的学术思想，很少注意到这个问题。

苏州人的生活情趣，是明清以来文化的积累，北伐成功，国民政府定都南京至抗日的十年，正是这种生活情趣的最后的发展。以后，这种雅致的生活情趣在多年抗战中破灭。宾四先生在苏州的三年，正是苏州人生活情趣“夕阳无限好”的时期，却被他赶上了。抗战胜利后，我在苏州生活了三年多，上学的学校正面对着沧浪亭，南园文庙一带是散学后嬉戏的场所，北局是看戏看电影的地方，虽然当时少年不识愁滋味，登城四望，似已体会到离乱后苏州的沧桑了。

二、隐居在耦园

宾四先生由顾颉刚推荐，自苏州转北平燕京大学执教，由学术领域的边缘进入学术中心后，就很少回苏州了。民国二十九年（一九四〇），宾四先生在宜良上下寺，离群索居一年，完成《国史大纲》后，与汤锡予，由河内经香港，潜赴上海，到苏州探母，化名梁隐，又在苏州隐居了一年，宾四先生写给他学生李埏的信说：

> 埏弟如面：七月初一别，转瞬将及三月……仆此次归里，本拟两月即出。奈家慈年高，自经变乱，体气益衰，舍间除内子小儿一小部分在北平外，尚有妇弱十余口，两年来避居乡间，一一须老人照顾；更为亏损。仆积年在平，家慈以多病不克迎养，常自疚心。前年自平径自南奔，亦未能一过故里。此次得拜膝下，既瞻老人之颜色，复虑四周之环境，实有使仆不能恝然遽去之苦。顷已向校恳假一年，暂拟奉亲杜门，不再来滇。

信末写的是“梁隐手启”，并说：“来信或寄上海爱麦虞限路一六二号吕诚之（思勉）先生转，或寄苏州海红小学转，均书钱梁隐收可也。”这一年宾四先生以梁隐的化名，居于苏州娄门的耦园。他的《师友杂忆》说：

> 余撰《先秦诸子系年》毕，即有意续为战国地理考，及是乃决意扩大范围通考《史记》地名。获迁居一

废园中，名耦园，不出租金，代治荒芜即可。园地绝大，三面环水，大门外唯一路通市区，人迹往来绝少，园中楼屋甚伟，一屋题“还读我书楼”（按：宾四先生误记，该楼名为“补读旧书楼”）。楼窗面对池林之胜，幽静怡神，几可驾宜良上下寺数倍有余。余以侍母之暇，晨夕在楼上，以半日读英文，余半日至夜半，专意撰《史记地名考》一书。

宾四先生又说：

余先一年完成《国史大纲》，此一年又完成此书，两年内得成两书，皆得择地之助。可以终年闭门，绝不与外界人事交接。而所居林池花木之胜，增我情趣，又可乐此而不疲。宜良有山水，苏州则有园林之胜，又得家人相聚，老母弱子，其怡乐我情，更非宜良可比，洵余生平最难获得之两年也。

在苏州许多园林之中，耦园并不显眼。耦园在苏州城东，小仓街小仓巷内，东向城墙，临内城河，北向东园，三面环水，隐藏在曲折迂回的小巷之内，非常僻静，知者不多，却是一座精致、幽美脱俗的园林。

耦园是沈秉成购得清初保宁太守陆绵涉园废颓的旧址

筑构起来的。沈秉成，字仲复，归安（现浙江湖州）人，咸丰进士，能诗，历任安徽巡抚，两江总督。曾一度退官后寓居苏州，筑耦园，与其继室严永华，唱和园中，著有《联吟集》。

沈秉成同治十三年购得涉园，聘请当时著名画家顾若波，在整治旧址的基础上，设计营构，建成耦园。园成之日，沈秉成赋诗，其《耦园落成纪事》云："不隐山林隐朝市，草堂开傍阖闾城。支窗独树春光锁，环砌微波晚涨生。疏傅辞官非避世，阆仙学佛敢忘情。卜邻恰喜平泉近，问字车常载酒迎。"疏傅，即汉人疏广，与其侄疏受并辞官归里。沈秉成喻其筑耦园，有退官归隐之意，名为耦园。耦，二人双耕之意，耦与偶通，寓意沈秉成与严永华一对佳偶，归隐园中，吟唱终老。东花园无俗韵轩中有副对联："耦园住佳偶，城曲筑诗城。"横额"枕波双隐"隶书，出自严永华手笔，是其写照。

耦园筑构，主人正宅居中，东西两侧各有花园，正宅的主厅是载酒堂，厅宽五间是主人宴客之所。光绪三年东花园建成，沈秉成在此大宴宾客。载酒堂的匾是李鸿裔所题，其后款识云："仲复同年兄辞荣勇退，于寓庐叠石种树，名曰耦园。今春东园落成，同仁燕集斯堂，遂以载酒颜之，盖取唐人东园载酒西园醉诗意也。"以唐人诗意的载酒贯穿东西两园，的确非常风雅。载酒堂两侧各有一小门，西门楣写的是载酒，东侧门是问字，正是沈秉成诗所谓“卜邻恰喜平泉近，问字车常载酒迎”。平泉，即唐李德裕的平泉别墅，借指耦园旁近富丽的拙政园。至于问字，典出黄庭坚诗：“客来问字莫载酒。”

由正宅载酒堂东侧问字门，经过一个小天井，由无俗韵轩步上樨廊就进入东花园了。樨就是桂花，廊端种了几株桂花，入秋之后廊上桂花幽香浮动醉人。东花园是耦园的精华所在，主建筑是城曲草堂。城曲草堂在东花园的北隅，宽大高敞。城曲，典出李贺诗：“牛女渡天河，柳烟满城曲。”而耦园在苏州城的东北隅，就是城曲了。至于草堂，唐杜子美有浣花溪草堂，卢鸿隐于嵩山草堂。沈秉成以此命名，意在其夫妇隐于城曲，不再复出了。城曲草堂楼高两层，中间是大厅，旁边是还砚斋与安乐园，扶梯而上，就是补读旧书楼与双照堂。城曲草堂是主人沈秉成夫妇宴客、读书、写诗、作画，或与家人欢聚嬉戏的休闲所在。

补读旧书楼，又名鲽砚庐，据说沈秉成在京师得石一块，剖开后内现鱼形，于是制砚两方，夫妇各执其一，吟诗作画其乐融融。沈氏夫妇有诗云：“濡毫漫写深情帖，泼墨常开称意花。”补读旧书楼中间原悬有一副对联：“清闷云林题阁，天光米老名斋。”其意喻补读旧书楼的藏书，可与元末画家倪瓒的清闷阁、宋书法家米芾的英光堂媲美。不过，补读旧书楼仅是主人藏书的一部分，西园还另有藏书楼的院落。这里就是宾四先生隐居苏州一年读书著述的地方。补读旧书楼在双照楼，是城曲草堂最东端的建筑，三面临窗，面南而立，可得日月双照。宾四先生在补读旧书楼读书著述之余，可揽窗外东园与运河的夕照，又可赏楼下园中的月色。

城曲草堂前有站台，可往园内的黄石假山，且可借此隔开城曲草堂与园中景物的距离，在几株老树的浓荫下，可以静观园中山石水趣。城曲草堂有一联云："卧石听涛，满衫松色；开门看雨，一片蕉声。"这十六个字已将东花园景物的声色都描绘出来了。城曲草堂南面，就是东花园的主景黄石假山了。黄石假山在苏州林园里别具一格，东西两山间辟有谷道，两侧削壁如悬崖，又似峡谷，石壁上刻石曰邃谷，是入山的通道。曲折向东可至壁下的受月池，池不大，水清澈可以映月，池上有桥曰宛虹杠，清李果有诗云："为园城东隅，流水抱河曲。一桥宛垂虹，下映春波绿。倒影逼游人，此景迥超俗。"图中楼阁亭榭与景物，由筠廊贯穿相连起来，筠廊东花园东侧，北接双照楼，南联吾爱亭，再沿受月池，可抵望月亭。欣赏东花园的景色，沿着筠廊行走即可，筠廊依墙而建，有弥补空白的作用，廊傍植丛竹，风来萧萧，雨歇碧翠欲滴。筠廊与樨廊相对有"风过有声留竹韵，月明无处不花香"的诗意。宾四先生隐居耦园，漫步于东花园的假山花木之间，真似一个隐居山林的幽人了。

每次去苏州，都到宾四先生著书处的耦园，流连半日，往往是低回留之不能去。这次再访苏州，又去耦园，已经是不同的心情了。以往去耦园，宾四先生健在，回台北后向他叙说耦园情况，他听了之后默然良久。这次再访耦园，宾四先生已大去，但楼却不空，双照楼已辟为茶室，沏上一杯，临窗凭吊，耳旁不时有竹丝之声传自补读旧书楼。耦园已不再那么宁静了。

宾四先生的传世之作《先秦诸子系年》，起于民国十二年（一九二三），前后历九年，最后在苏州完稿的。宾四先生在书后的跋文中说：

> 其先有齐卢之战，其后有浙奉之争，又后而国军北伐。苏锡之间，兵车络绎，一夕数惊。余之著书，自譬如草间之孱兔，猎人与犬，方驰骋其左右前后，彼无可为计，则藏首草际自慰。余书，亦余藏头之茂草也。

“余书，亦余藏头之茂草也。”也就是宾四先生隐于动荡离乱之中著述。苏州是一个退隐的城市，城中的园林多是仕途退官的官僚士大夫所设，虽息影山林，但胸中仍存魏阙。他们的退隐田园和宾四先生隐于著述是不同的，他心怀千古，胸中自有山林。宾四先生择地著述，是想将心中的山林与自然的山林合为一，优游其间，然后而能静能定。这种情况和苏州园林造景相似，苏州的林园构造多出于著名的画家之手。中国传统的山水画和中国传统思想相同，人与自然和谐相处相应。中国山水画不是写生，而是游山玩水归来，将山林融于胸，然后吐于丹青之上，准备异日无暇无法和自然亲近时，展卷浏览和自然作再次亲近，苏州的园林则是将山林具体而微地铺设在园中，供无法和真正的自然亲近时，还有山林可供登临，人与自然合而为一。

宾四先生心中山林和苏州园林里的山林结合，然后有他常常说的“趣味”。生活的趣味是宾四先生著述的重要条件，宾四先生隐居著述的苏州是我熟悉的地方。不过，宾四先生著述其他地方如台北外双溪的素书楼，香港沙田的和风台，九龙钻石山的凤栖台，北京中山公园太庙旁的古柏下，无锡江南大学的太湖边，我都去访问过，这些地方诚如宾四先生说都是非常有“趣味”的，只有写《国史大纲》的宜良上下寺还没有去过，据宾四先生描叙那是个非常寂静的场所。宾四先生说：“及寒假（汤）锡予偕（陈）寅恪同来，在楼宿一宵，曾在院中石桥上临池而坐。寅恪言：‘如此寂静之境，诚所难遇，兄在此写作真大佳事。然使我一人住此，非得神经病不可。’”寅恪先生和宾四先生心境不同，寅恪先生心怀离乱，无法自遣，终生陷于离乱愁苦之中。宾四先生置身于离乱之外，俯仰于山水之间，正如他游宜良石林瀑布，他说：“徘徊流连其下，俯仰欣赏，真若置身另一天地中，宇宙非此宇宙，人生亦非此人生矣。”宾四先生心中自有山林而超越现实世界，因此他对中国文化的过去、现在和未来，没有愁苦，充满乐观与希望，和他所谓的“趣味”有关。

三、归骨洞庭西山

宾四先生最后归骨太湖洞庭西山。洞庭东山和西山孤悬在太湖之中，在连接苏州、东山到西山的太湖大桥没有建成前，东、西山与外间交通非常不便，由西山到苏州乘船起码要两天的时间，因为往来不便，苏州人很少能到那里。于是洞庭西山成为世外的桃源。明代诗人张怡《登洞庭西山缥缈峰放歌》云：“世人不信桃源记，谁知此是真桃源。真桃源，人罕见。水如垣，山如殿。神仙窟宅尊，羽衲津梁倦。老杀姑苏城里人，何曾一识西山面。”

由于西山偏远难至，因而有很多神秘的传说，自古就是隐士神仙居住的地方。据说汉代的王玮玄、韩崇、刘根（毛公），梁朝杨超远、叶道昌，唐代周隐遥、唐若山，都曾在这里学道，甚至汉初“商山四皓”的甪里先生也和西山有特殊的关系。

范成大《吴郡志》云：“角头，即甪里，在洞庭山村，汉甪里先生所居。”此条缘自《史记正义》：“太湖中洞庭山西南，中号禄里村，即此甪里。”四皓原隐居商山采紫芝充饥。商山在今陕西商县东南，不知为何流传到江南的苏州洞庭西山来了。角里村在西山西南；或谓角里是泰伯之后，居于洞庭西山，现角里村周姓为大族，村中仍有角里先生的读书处。明高启《角里村》诗云："我来角里村，如入商颜山。紫芝日已老，黄鹄何时还？斯人神仙徒，千载形不灭。犹想苍岩中，白头卧松雪。"不仅角里先生在洞庭西山，另一位四皓之一的绮里先生，也隐于洞庭西山。西山有绮里村，在缥缈峰西麓。《林屋民风》载："绮里村，在上真宫西四里，绮里季隐于此。"清姚承绪《绮里》诗云："上真宫外白云封，遗老商山采药逢。太息石桥空马迹，人间何处访仙踪。"

在包山坞旁有毛公坞，为神仙毛公得道处。据葛洪《神仙传》载，毛公名刘根，字君安，汉成帝时，曾举孝廉，除郎中，后弃世道，入嵩山石室，闭门修道，冬夏不着衣，身长有绿毛，故人称毛公。或谓刘根得道于湖南华阴山，不知为何到西山聚石为坛修行，可能毛公道行高，"神化恍惚，万里跬步"。陆龟蒙有诗云："古有韩终道，授之刘先生。身如碧凤凰，羽翼披轻轻。"可以来去自如，白居易有《毛公坛》诗云："毛公坛上片云闲，得道何年去不还。千载鹤翎归碧落，五湖空镇万重山。"

且不论这些神仙传说的真假，神仙洞府，隐士居处，必在山水佳处，洞庭西山风景优美，提供了这些传说故事的山林背景。唐房琯就说："不游洞庭，未见山水。"明袁宏道

《西洞庭》更将西山的山水概括为山、石、居、花果、幽隐、仙迹、山水相得的“七胜”。所以白居易于宝历元年五月任苏州刺史，到了秋天就迫不及待地泛舟太湖了；其《宿湖中》诗云：“水天向晚碧沉沉，树影霞光重叠深。浸月冷波千顷练，苞霜新橘万株金。幸无案牍何妨醉，纵有笙歌不废吟。十只画船何处宿？洞庭山脚太湖心。”后来白居易屡屡泛舟太湖游西山，其《夜泛阳坞入明月湾即事寄崔湖州》诗云：“湖山处处好淹留，最爱东湾北坞头。掩映橘林千点火，泓澄潭水一盆油。龙头画舸衔明月，鹊脚红旗蘸碧流。为报茶山崔太守，与君各是一家游。”崔湖州即湖州刺史崔玄亮。白居易并将他所欣赏的洞庭西山景色，写诗寄给他的好友元微之。《泛太湖书事寄微之》云：“烟渚云帆处处通，飘然舟似入虚空。玉杯浅酌巡初匝，金管徐吹曲未终。黄夹缬林寒有叶，碧琉璃水净无风。避旗飞鹭翩翻白，惊鼓跳鱼拨刺红。涧雪压多松偃蹇，岩泉滴久石玲珑。书为故事留湖上，吟作新诗寄浙东。军府威容从道盛，江山气色定知同。报君一事君应羡，五宿澄波皓月中。”“书为故事留湖上”，是说白居易曾在太湖石刻石纪事。至于“五宿澄波皓月中”，说他已不止一次采访洞庭西山，以后唐代的皮日休、陆龟蒙，宋代的范成大、范仲淹、苏舜钦，明代的高启、唐寅、文征明，都曾游太湖洞庭西山，并留下脍炙人口的诗篇，于是洞庭西山的消夏湾、明月湾、林屋、缥缈峰等胜景也随着入诗入画。明申时行《晚步缥缈峰》诗云："孤峰缥缈入云烟，十载重来到绝巅。纵目平临三界尽，拟身独傍九霄悬。浮沉岛屿飞涛外，断续汀洲落照边。呼取一尊收万象，狂歌欲醉五湖天。"缥缈峰是太湖七十二峰的主峰，在洞庭西山，相传范蠡放舟而去，曾与西施在此望太湖。

所以，洞庭西山不仅有神仙传说，或隐士归隐的山林，更有诗人墨客咏吟的景色。但宾四先生却没有去过洞庭西山，最后埋骨西山，另有机缘。一九九〇年五月二十八日，宾四先生写给他在苏州工作的幼女钱辉信中，曾提到西山的"湖山胜景"，因为钱辉曾下放到西山教书，当年的西山非常落后艰困，舟车往来不便，钱辉在那里工作了一段时间，对那里的环境很熟悉。钱辉在《哀思无尽，悔无尽》中说："此刻，我想我唯一还能做的是，遵从父亲最后的心愿，尽我所能……为父亲觅得一方静土，让父亲得以静听松涛、鸟鸣而安息。"这是宾四先生骨归西山的缘由。

宾四先生的墓在洞庭西山俞家渡村的后山，俞家渡是一个朴实的小村落，几十户都是江南水乡粉墙黛瓦的建筑，巷弄也很整洁，然后从村后满积落叶的小径登山，山上是种植银杏、栗子和柑橘的果园，银杏和栗子已经收成，小径上还有遗落的栗子，剥开即食，非常甘嫩。柑橘也熟了，累累金黄的果实，满悬在绿色的枝叶间，果园很大而浓密，其间杂有松树和竹丛。这条崎岖山路尽头，豁然开朗，就是宾四先生的墓园了。墓园筑构在一片寸草不生的黑色的太湖石上，太湖石坚硬奇峻，是明清苏州园林造山的最佳石材。墓向太湖，墓前有碑，隶书镌刻“钱穆先生之墓”，碑旁刻有生殁年月。宾四先生虽埋骨故园，仍不忘故国。

宾四先生的墓庐在俞家渡村后，庭院宽广，盛开着几株雏菊。楼高两层，登楼处有一丛翠竹，依稀外双溪素书楼园中景物，自二楼扶梯而上，是一小阁楼，室中陈设，沿壁是书架，并有藤躺椅一张，临窗是张大书桌，全是宾四先生素书楼书房陈设，桌上有纸笔，宾四先生伏案疾书著述情景，又重现目前。启门而出，是一个非常宽敞的阳台，可览烟波的太湖，清风明月夜，宾四先生若在此弄箫，幽幽的箫韵，随着湖中起伏的万条银练，飘扬到遥远的清晖云深处，此情此景，对宾四先生最后“天人合一”的定论，会有更深一层的体认。

灯火樊楼

《水浒传》第七回《花和尚倒拔垂杨柳　豹子头误入白虎堂》，写到高衙内与陆谦定计，诓林冲出来饮酒，说："林冲与陆谦出得门来，街上闲走了一回，陆虞候道：'兄长，我们休去家，只就樊楼内吃两杯。'当时两个上到樊楼内，占个阁儿，唤酒保吩咐，叫取两瓶上色好酒，希奇果子按酒。"樊楼是北宋汴京最豪华的酒楼。施耐庵的《水浒传》，其中的制度与设施虽与宋代吻合，但谈到饮食，写的虽然是宋代，却实际反映了施耐庵自己生活时代的情况，元末明初之际，战乱后的社会经济萧条，他无法写出细致的宋代饮食风貌，所以，对灯红酒绿、夜夜笙歌的樊楼，就轻轻一笔叙过。

樊楼，宋室南渡后，诗人刘子翚追忆昔日汴京的旧游，写成《汴京纪事》二十首，其第十七首是《忆樊楼》："梁园歌舞足风流，美酒如刀解断愁。忆得少年多乐事，夜深灯火上樊楼。"道出樊楼的风光。孟元老《东京梦华录》叙当年东京汴梁的酒楼说："凡京师酒店，门首皆缚彩楼欢门，唯任店入其门，一直主廊约百余步，南北天井两廊皆小阁子。向晚灯烛荧煌，上下相照，浓妆妓女数百，聚于主廊槏面上，以待酒客呼唤，望之宛若神仙。”

至于樊楼，近禁苑，《能改斋漫录》说：“京师东华门外景明坊，有酒楼，人谓之矾楼。”樊楼原名白矾楼，南京商贩卖白矾于此，后改为酒楼称樊楼。樊楼有专酿的美酒，名为眉寿酒与和旨酒，远近闻名。徽宗宣和年间，为粉饰太平，在内城兴建欣乐、和乐、丰乐三大酒楼。丰乐酒楼即由樊楼扩建而成。扩建后的樊楼，《东京梦华录》说：“更修三层相高，五楼相向，各有飞桥栏槛，明暗相通，珠帘绣额，灯烛晃耀。”初开张的数日，“先到者赏金旗”。又说：“过一两夜则已。元夜则每一瓦陇中皆置莲灯一盏。”不过樊楼的西楼却“禁人登眺”，因为第一层可以“下视禁中”。不过，禁人登楼眺望，还有另外一个原因，据《宣和遗事》谓西楼设有御座，宋徽宗与名妓李师师常饮宴于此，而禁士民登临。

所以，樊楼的这种华丽风情，不是施耐庵所能理解的。汴京的风华我常在《东京梦华录》的书中读到，在《清明上河图》画里追寻，总想有机会到中州去看看。恰巧有朋友组织了个旅行团，由西安经黄河的壶口，过三门峡到洛阳、开封、郑州。于是报名参加，欣然就道。

一、又去长安

这次旅行的第一站是西安。西安我是去过的，先是一九八九年，买了机票，定妥旅馆，因为当时情势一日数变，没能去成，飞机票和旅馆钱，都报废了。第二年更去西安，在那里住了十天，因为住的旅馆在市心区的钟楼附近，南院门、北院门近在咫尺，走几步就到繁华的东大街，吃喝都非常方便，的确吃了不少当地的小吃。归来时还带了三斤腊羊肉，二十个饦饦馍。余味未了，写了一篇《更上长安》以纪其事。

这次到西安已经很晚了，从机场摸黑进了城，经过东大街，又出了城，因为旅馆在城外。放下行李，洗了把脸，才想起还没有吃晚饭，不知到何处去吃，幸好有位来接我们的朋友，带着我们几个同队的伙伴搭车进城，到了一个所在。时近午夜，这条街上还是灯火辉煌，舞厅、卡拉OK的霓虹灯闪亮，灯下排列着许多的士，两旁的饭店生意正旺。没有想到现在的西安有这样红灯绿酒、笙歌达旦的所在，一向宁静的西安古城，在商业经济的催促下，竟然也随俗变装了。

我们进得一家饭店，坐定，叫侍者来点菜。年轻的堂倌过来，没有拿餐牌，带我到柜台后一列长桌子旁立定，指着桌上罗列的盘子和汤碗，盘子和碗里盛着各种不同的材料，一只碗盘是一样菜，主料和配料已经备妥。那堂倌指着桌子上的菜说：“看想吃些什么？”这种点菜的方式非常特别，材料新鲜与否，搭配的材料为何，一目了然。于是我点了些冷碟小菜，又点煸鳝鱼、菊花鱼、温拌腰丝、糖醋鱿鱼卷与鸡米海参，这些都是陕西菜。陕西菜又称秦菜，有三个源头，一是衙门菜，也就是官府菜，如八卦鱼肚、带把肘子、酿枣肉与升官图等。二是出于泾渭汇集三角洲的三原、泾阳、高陵等县，而以三原代表的商贾菜。在陇海铁路通车之前，三原是关中棉、盐、烟、茶的集散地。商贾云集，其菜著名的有煨鱿鱼丝、金钱发菜、方块肉、对子鱼。三是来自民间的地方菜。地方菜来自关中凤翔与大荔东西两府，与汉中、榆林地区，其名菜有东府的莲菜炒肉片、炸香椿鱼、水磨丝，西府的辣子烹豆腐、炝白肉、酸辣肚丝汤，榆林、汉中则有炒鸭丝、豆瓣娃娃鱼、烩肉三鲜。这三种菜在西安汇合后，就形成了现代的秦菜，推陈出新，发展的名菜有奶汤锅子鱼、葫芦鸡、汆双脆、温拌腰丝等。除此之外，自元代大量回民移居西安，历经明清两代形成的清真菜，其名菜有酸辣牛肚、炸胡麻牛肉、滑熘牛里脊片、红烧牛蹄筋及烩羊脑等，是秦菜另一个重要支系，而清真小吃又是西安饮食的精华。

秦菜在西安形成后，其温拌腰丝又是一绝，是将腰子洗净，切成如粉丝细长的条状，入沸水快速搅拌而成。这是秦菜中炝菜的一种，所谓炝有两个要素，一是将加工成的材料，入沸水或滚油，急速烫过，其动作要快、要速，即汤或油滚沸后投入材料，再滚，立即出锅。火候一定要拿捏得准，否则全盘皆输。其二是以滚烫的花椒油激淋，拌以三末（蒜、姜、酱莴笋末）或三米（蒜、姜、胡椒），快速调拌。秦菜中有炝白肉、炝肚块、炝青笋、炝冬瓜等，而温拌腰丝制作最难，除了炝的技术外，以细致的刀工将腰片切得细如粉丝而不断，的确需要功夫的。我在案上点这道菜时，是一对完整的腰子与相关的配料置于盆中，取回立即制作上桌，下箸腰丝脆嫩，鲜香爽口。然后我对带我们的朋友说，这味菜有西安饭庄的味道，上次我在西安饭庄吃过奶汤锅子鱼、煨鱿鱼丝、葫芦鸡和温拌腰丝等西安名肴，朋友笑着说这个馆子就是西安饭庄的分店。我闻之大乐，没有想到在这样的深夜，竟能吃到地道的西安美肴。

参加旅行团最大的不方便，就是得跟导游的旗子走，团体活动没有个人的自由。从西安饭庄分店回来，已经深夜两点了。早上六点不到就起身，乘着大家熟睡未醒，我出得旅馆叫了计程车，进城到北院门的回民一条街去。上次到西安常在这条街流连，这条街上集中了许多回民的小吃。不过，我来早了，平日熙熙攘攘、人声嘈杂的这条小街，现在静静悄悄的，许多店家和摊子还没开门。幸好老铁家的腊牛肉摊子开了，案子上摆着大块红艳艳的腊牛肉，十分诱人。腊牛肉刚出锅不久，还是温热的，我走过去来一个才出炉的饦饦馍夹腊牛肉。腊牛肉还像我上次吃的一样“腻而不柴，酥烂不膻，油香满口”。

我手里拿着饦饦馍夹腊牛肉，口中嚼着鲜香的馍与肉，转过一个巷子，去寻找开在路边树下老吴家的水盆羊肉。水盆羊肉又称六月鲜，慈禧太后赐名“美而美”，是西安夏季的应时小吃。吃时下辣面子（辣椒粉），吃得汗流浃背，西安人认为可祛暑。水盆羊肉的确好吃，有人去西安我就推荐。但老吴家没有开门，就到对面老周家店，来了一碗特别水盆羊肉汤，特别就是加料的，另外又加了十块钱的羊肉，真的是饱了。我抹抹嘴上的油，走到十字街口的甑糕的摊子旁，又来了一碟甑糕。

甑糕是中国古老的蒸制食品，因蒸制用的甑而得名，由来已久。在战国时就开始用铁甑了，西安蒸甑糕的甑，还保持原来的形式。甑糕是一层糯米一层枣，吃时再撒层绵糖，是西安过去平价的早点，香甜软糯，非常好吃。凡在西安度过童年的人，离开西安后，怀念的就是甑糕。

我太太童年在西安住过十年，上次我们到西安第二天早晨，就在这里找到甑糕。以后在西安的十天，我们常到这里来，站在摊子旁吃甑糕。卖甑糕的是父子二人，那父亲已经七十来岁，瘦小的个子，颔下有把花白的山羊胡，后来他也认识我们了，每次都给我们多加些枣呢。但现在却不见那老者，照顾摊子的是个中年妇，穿得光鲜，而且在摊子后租了人家房屋的一角，摆了两三张桌凳，扩大营业了。我坐下来要了一碟甑糕，座上没有客人，我就和那妇人“谝闲传”了。“谝闲传”是陕西话闲聊的意思。我问那白胡子老者哪里去了。那妇人道：“你问的是娃的爹的爹，死了。”娃的爹的爹，是孩子的祖父，她就是那老者的儿媳了。娃的爹的爹死了，甑糕的味道也变了，加了许多其他的东西而改称八宝枣糕，而且有真空包装的甑糕出售，我买了四包带回去。后来又到老铁家的摊子，买六包腊牛肉，也是真空包装。现在真的进步了，食品都真空包装。晚上逛夜市，又买了几包真空包装的驴肉，只是吃起来不如原味好吃。

晚上又是叫了计程车，单独一个人去逛夜市，车子拉我到西安最大的夜市，几条街都是小吃摊子，灯火通明，人声喧哗。但这些小吃摊子卖的都是香港海鲜料理，当然不是香港那种生猛海鲜。奇怪的是现在大陆流行吃海鲜，中午一位朋友请吃饭，竟以活龙虾沙西米待客。好不容易在夜市的尽头，找到一家牛肉丸子汤的摊子，于是坐下来，要了碗丸子汤，两只水煎包，在旁边的摊子要了一碟钱钱肉，钱钱肉就是驴鞭，还要了烤羊肉串，一大杯冰生啤酒，独自啜饮起来，小桌小凳颇有情味。正在我低头饮酒时，突然邻桌唱起《走西口》来，我抬头看见一位身着浅蓝色秧歌装、头缠黄巾的卖唱者，正在引颈高唱，那歌声高亢凄婉。伴着路对面摊子上卖唱拉二胡的，拉的是《二泉映月》，琴声悠悠，长安的夜，似已深沉了。

二、壶口遐思

清晨离开西安，车子在塬上盘旋而下，下得塬来已近黄昏，等到了壶口时，是晚上八九点钟了。入夜之后，车子在黑暗中行进，车窗外一片漆黑，也不知前路何处，实在单调得紧。待车子转过一条山路，突然发现远处有一幢被霓虹灯环绕、闪着五彩光芒的建筑物。四下没有灯光，这幢建筑物孤立在无边的黑暗里，使我想起夜半灯火的樊楼来。这个建筑物就是我们今晚投宿的壶口宾馆了。

壶口是黄河最狭窄的地方，黄河奔腾向东流，前路突然被阻，翻腾叫嚣着涌出来，形成了壶口的景象。过去看电视里的壶口，浪花翻涌，声似雷鸣，没有想到今夜竟住宿在其旁。一路车行颠簸，已经疲倦，吃罢晚饭入房清洗后，准备就寝了。但水声隆隆，使我无法入睡，于是起身推窗外望，窗外的月光自微云里现出，映着对岸的灰暗如刀削的壁崖，这是千万年黄河水冲刷的结果，我也跌落在历史的沉默里。于是坐在灯下，燃着一支烟，烟氛缭绕，不由想起昨晚西安的夜市，又想到明天就要到中州了，开封夜市也许比西安可看可吃得多。孟元老《东京梦华录》笔下汴京的夜市繁华热闹景，似在眼前隐隐出现了。

北宋以前，中国城市的建构，不论都会或城镇，基本上实施坊市分离的制度，坊是居住区，市是贸易区。唐代长安有一百零八坊和东西两市，但东西两市和居住的坊里相较，就显得狭小很多。而且坊里与市集之间，有坊墙相隔，每一个坊里都有坊墙，形成长安城内城中有城，但唐末到宋初，由于战乱，经年失修的坊墙毁坏。坊墙倾废之后，市民面街而居，临街设市，坊墙已失去原来防卫的功能。临街设市以后，市区扩大到全城，大街小巷都成了商业经营之区。虽然坊里制度的破坏，还有其政治和经济的原因，但经历了长时期的转变，到北宋都城汴梁，已由过去的封闭的坊里制度的城市，转变为全城开放的都市了。

因此，汴京成为一个商业繁盛的城市，街道两旁，商店林立，甚至御街两旁的御廊，也允许开店营业。州桥以南的御街，两旁有酒楼、饭店和其他的营业，市面繁荣，形成闹市。州桥以西的西大街，东华门大街，西角门以西的踊路街，也是东京最繁华的所在。各河道的桥头或桥的两旁，摊贩拥挤摆设，人车往来形成一个桥头市场，张择端的《清明上河图》绘出环绕虹桥四周的桥头市场，商业繁盛，人口稠密，舟车辐集的繁华景象，也反映了北宋东京经济与社会文化生活的一页。北宋汴京市民的生活，不仅鲜明生动地保存在《清明上河图》之中，周密的《武林旧事》、灌圃耐得翁的《都城纪胜》、无名氏《西湖老人繁胜录》、吴自牧的《梦粱录》、孟元老的《东京梦华录》也保存着北宋和南宋的两京——汴京和临安的繁华的生活资料。尤其孟元老的《东京梦华录》，使后人对东京人民的生活，尤其对当时的饮食生活有进一步的认识和了解。

饮食业是东京汴梁最繁盛的行业之一，饮食业行会的组织分成从食行与饪饼行。《东京梦华录》载当时东京的饮食有北馔、南食与川饭。北馔是在地饮食，南食和川饭则是外来饮食。《萍洲可谈》说："大率南食多盐，北食多酸，四夷及村落人食甘，中州及城市人食淡。"全国各地的美食佳肴汇集汴京之后，相互比较，突现出各自不同的地域风格。《东京梦华录》说这些饮食店，大的谓"分茶"，其所出菜肴食品有头羹、石髓羹、白肉、胡饼、软羊、大小骨、角炙犒腰子、石肚羹、入炉羊、罨生软羊面、桐皮面、姜泼刀、回刀、冷淘棋子、寄炉面饭之类。

至于川饭店所售，则有插肉面、大燠面、大小抹肉、淘煎燠肉、杂煎事件、生熟烧饭等。南食店所售，则有鱼兜子、桐皮熟脍面、煎鱼饭等，这些饮食店，"每店各有厅院东西廊，称呼坐次……菜蔬精细，谓之'造齑'，每碗十文。面与肉相停，谓之'合羹'；又有'单羹'，乃半个也。旧只用匙，今皆用箸矣"。这些南食店以寺桥金家、九曲子周家"最为屈指"。而相国寺北小甜水巷内的"南食最盛"。北宋东京出现这么多南食店，吴自牧《梦粱录》说："向者汴京开南食面店，川饭分茶，以备江南往来士夫，谓其不便北食故耳。”

这些南食店与川饭分茶，纷纷在汴京开设，为了方便北方的南方人不习惯北方饮食，是一个原因。北宋统一五代分裂的局面后，南食得以北传，欧阳修《初食车螯》诗中说：“五代昔乖隔，九州如剖瓜。东南限淮海，邈不通夷华。于时北州人，饮食陋莫加。鸡豚为异味，贵贱无等差。自从圣人出，天下为一家。南产错交广，西珍富邛巴。”天下一家之后南方的海味运到北方来，四方的美味珍馐，都汇集到汴京来，这也是《东京梦华录》所谓，当时汴京“会寰区之异味，悉在庖厨”。最初官僚士大夫及富商大贾，嗜食南方的海鲜，后来渐渐普遍到社会各阶层，这是南食店在东京兴起的原因。

虽然南食及川饭在汴京流行，但并没有影响北食的主导地位，汴京有许多北食店如徐家瓠羹店、马铛家羹店、史家瓠羹、桥头贾家瓠羹店，都是以卖羹为主的食店，馒头有“在京第一”的万家馒头、孙好手馒头，包子有王楼山洞梅花包子、鹿家包子等包子馒头店，另外还有油饼、胡饼店，这些饼店的规模很大，而制作也非常专业化。《东京梦华录》卷四《饼店》云：

凡饼店，有油饼店，有胡饼店。若油饼店，即卖蒸

> 饼、糖饼、装合、引盘之类。胡饼店即卖门油、菊花、宽焦、侧厚、油砀、髓饼、新样、满麻。每案用三五人捍剂卓花入炉。自五更卓案之声远近相闻。唯武成王庙前海州张家、皇建院前郑家最盛，每家有五十余炉。

馒头、包子、饼是北方人的主食，从上述张家、郑家饼店，烘烤饼类的炉子就有五十余座。且捍剂、卓花、入炉各有专人负责，制造不同种类的饼类，其他如曹婆婆肉饼、张家油饼，也都是京师著名的饼店，反映出对于这种饼类的食物，食者众多。饼类原为北人的主食，每个家庭皆可制作，现在竟购于街市，也说明东京汴梁由于商业繁荣，出现了大批的外食人口，也是孟元老所谓“市井经纪之家，往往只于市店旋置饮食，不置家蔬”。

东京汴梁不仅是北宋政治的首都，也是全国商业经济的中心。这个政治和经济结合的都会，是中国城市发展由中古过渡到近世都会重要的转变。由于商业的繁荣，促使了饮食业的发展，上述的饮食行业南北杂陈，内容丰富，也是中国饮食文化发展中，第一次南北大规模的交流。这些饮食店是一般市民消费的地方，至于高消费的酒楼，就不是平常一般百姓家去的地方了。包括樊楼在内，东京大的酒店或酒楼，在北宋末年有七十二家，这些大型的酒店都是高层楼房建筑，并且造酒兼卖酒，资本雄厚，规模庞大，非一般饮食店可比，称为正店，沽酒贩卖较小的酒店为脚店，《东京梦华录》卷二《酒楼》下：

> 大抵诸酒肆瓦市，不以风雨寒暑，白昼通夜，骈阗如此。州东宋门外仁和店、姜店，州西宜城楼、药张四店、班楼，金梁桥下刘楼，曹门蛮王家、乳酪张家，州北八仙楼，戴楼门张八家园宅正店，郑门河王家、李七家正店，景灵宫东墙长庆楼。在京正店七十二户，此外不能遍数。

除了正店之外，余下的就是脚店了：

> 卖贵细下酒，迎接中贵饮食，则第一白厨，州西安州巷张秀，以次保康门李庆家，东鸡儿巷郭厨，郑皇后宅后宋厨，曹门砖筒李家，寺东骰子李家，黄胖家。九桥门街市酒店，彩楼相对，绣旆相招，掩翳天日。政和后来，景灵宫东墙下长庆楼尤盛。

这些都是著名的脚店，当时东京的脚店当然不止此数，宋仁宗时，樊楼卖官麴五万斤酿成眉寿酒与和旨酒，《宋会要·食货》云："出办课利，令在京脚店酒户拨定三千户，每日于本店取酒沽卖。"樊楼即有脚店三千，所谓"燕馆歌楼，举之万数”。

这些酒楼或酒店“其果子菜蔬，无非清洁。若别要下酒，即使人外买软羊、龟背、大小骨、诸色包子、玉板鲊、生削巴子之类”。孟元老并举列当时酒楼各类菜点名目如两熟紫苏鱼、茸割肉、乳炊羊、炒蛤蜊、渫蟹、假炙獐、鹅鸭排蒸、荔枝腰子、酒蟹等不下二百种。可谓山珍海味皆备，时果庶馐俱有。而且“诸酒店必有厅院，廊庑掩映，排列小阁子，吊窗花竹，各垂帘幕，命妓歌笑，各得稳便”。彭乘《墨客挥犀》云：“当时侍从文馆，士人大夫为燕集，以至市楼酒肆，往往皆为游息之地。”刘攽《王家酒楼》诗：“君不见，天汉桥下东流河，浑浑瀚瀚无停波……提钱买酒聊取醉，道傍高楼正嵯峨。白银角盆大如斗，臛鸡煮蟹随纷罗。黄花满把照眼丽，红裙女儿前艳歌。乐酣兴极事反覆，旧欢脱落新愁多……”

想着当年的东京汴梁，想着明朝将车发中州，我渐渐入睡了，窗外月已斜，水声仍隆隆。

三、车发中州

一早起身，就去看壶口的黄河水了。住的宾馆就在壶口瀑布旁，逐级而下，经过一片被冲刷的细沙土地，就到了壶口边，终于看到了黄河在壶口里翻腾。不过却使我非常失望，昨夜听到隆隆的黄河水，心想那黄河水一定是急湍奔腾，气势万千。但临近一看，黄河水从峡谷处奔出，跌落下来，水花四溅，非常平常。几年前有人飞车过壶口，当时看了觉得很惊险，现在站在这边看对岸，虽然是从山西望河南，其实并不宽。

早餐后，登车，车发中州，由壶口过一座桥，就由山西入了河南地。自古以来，河南人认为他们居于中国之中，也就是中国的中心。所以，五岳之一的嵩山称中岳，“中”在河南语言中普遍应用，说“是”为“中”，“不是”是“不中”，“是不是”就是“中不中”，称他们的家乡河南为中州。现在我们要去中州了，要去的洛阳、开封和郑州又是中州之中，而且是中国历史上很多朝代的都城。一路行行看看，在三门峡宿一宵，第二天到洛阳时，已经入夜了，也没有看见洛阳是什么样子。参加旅行团就是这样，昼行夜宿，都在一定的安排之中，很少有个人行动的自由。

所以，像在西安一样，第二天一早起身，出得宾馆，天还没有亮，我揉揉惺忪的睡眼，深深地呼吸一口洛阳早晨新鲜的空气，站在台阶上一看，才发现我们住的宾馆孤立在大道边，四周没有住户，更没有街道。于是我下了台阶，招了计程车。上得车来，师傅问我何往，我说也不知道，然后又说我想吃早点，喝碗驴汤。师傅一听笑了，他说：“中，我带你去最好的驴锅。”我们就这样上路了。洛阳的马路行人道很宽，道旁种的不是梧桐，而是榆树，树梢在微风中摇曳，往来的行人不多。后来车子在路旁停靠，师傅说这就是驴锅。我邀师傅下车和我一起吃早点。我们在行人道的树荫下的一个小矮桌边坐下，师傅进去端了两大碗驴汤过来，我们就吃起来。常言道“天上的龙肉，地上的驴肉”。这种驴锅的驴汤肉比卤的驴肉可口多了，香软滑嫩，而汤清少油，的确是美味与众不同。后来我进店到后面的驴肉锅看看，那是一口很大的锅，里面煮着大块的驴肉，店家用铁钩将锅里的驴肉钩起来，待凉后改刀，切成小块，入碗加汤，撒以葱花和芫荽，就可上桌了。我们正喝着驴汤，师傅放下筷子问我要不要加点驴血，我点头说：“中。”于是他端着碗到灶上去，加了驴血回来，我看碗里好像没有血，只有像凉粉似的白色的小块，吃在嘴里，非常滑韧，师傅说这就是驴血了。

喝罢驴汤回去，遇到早点的摊子，就停下来。我下车看看洛阳的居民早上吃些什么，后来我又喝了一碗胡辣丸子汤，那是胡辣汤加小绿豆丸子。胡辣汤是用洗面筋的水，下面筋与海带丝熬成，吃时撒上胡椒加醋，这是中州很典型的早点。还有一种早点是豆沫，那是黄豆榨汁，下黄豆和粉丝、木耳与黄花菜熬煮而成。我问师傅，哪里可以喝到豆沫，他仿佛没有听过这个名字。不过，后来在郑州终于喝到豆沫。也是早晨起来，叫了计程车，到郑州火车站。郑州火车站是大陆铁路的枢纽，南来北往的旅客很多，我想那里该有各种早点吃。所以，我就到了车站，但下得车来，东西张望，竟然没有小吃摊子，我只有向僻街去找寻。最后终在一个胡同口找到了。于是进了一个窄的巷弄，在一间光线很暗的小屋子里坐下，来了一碗豆沫和两个水煎包，我就着碗边咕噜噜地喝起豆沫来。食毕，出得屋来，太阳已爬过屋脊，耀得睁不开眼，这的确是一个明亮的早晨。

每到一地，我想探访的就是民间的旧时味，而且只有这种传统饮食，才能反映民间的实际生活。因此，我想看看开封的夜市。因为北宋汴京的夜市是出了名的。北宋汴京商业繁华，人民辛勤经营，因而需要更多休闲的活动，往往白昼努力工作，而将休息的活动延展至夜里，东京的夜市由是而兴，为当时东京人民增添了内容丰富的夜生活。孟元老《东京梦华录》有《夜市》，用很多笔墨描叙当年汴京多彩多姿的夜生活。

当然，北宋以前城市夜市已经出现，不过营业时间较短。北宋初年东京的夜市已经很热闹，但经营时间限于三更前结束，北宋中期就全取消这种限制，通宵达旦营业。汴京热闹的夜市在御街，御街的夜市集中于两处，一在朱雀门至龙津桥，一在州桥附近。《东京梦华录》记载朱雀门外的夜市的范围说：

出朱雀门东壁亦人家。东去大街麦秸巷、状元楼，余皆妓馆，至保康门街。其御街东朱雀门外，西通新门瓦子。以南杀猪巷，亦妓馆。以南东、西两教坊，余皆居民或茶坊。街心市井……路心又设朱漆杈子，如内前。

这是御街朱雀门外的夜市，州桥附近的夜市则更热闹：

自州桥南去，当街水饭、爊肉、干脯。王楼前獾儿、野狐肉、脯鸡。梅家鹿家鹅鸭鸡兔、肚肺鳝鱼、包子鸡皮、腰肾鸡碎，每个不过十五文。曹家从食。至朱雀门，旋煎羊白肠、鲊脯、燠冻鱼头、姜豉、剿子、抹脏、红丝、批切羊头、辣脚子、姜辣萝卜。夏月，麻腐、鸡皮麻饮、细粉素签、砂糖冰雪冷元子、水晶皂儿、生淹水木瓜、药木瓜、鸡头穰、砂糖绿豆甘草冰雪凉水、荔枝膏、广芥瓜儿、咸菜、杏片、梅子姜、莴苣、笋、芥、辣瓜儿、细斜馉饳儿、香糖果子、间道糖荔枝、越梅、锯刀紫苏膏、金丝党梅、香枨元，皆用梅红匣儿盛贮。冬月，盘兔、旋炙猪皮肉、野鸭肉、滴酥水晶鲙、煎夹子、猪脏之类，直至龙津桥须脑子肉止，谓之“杂嚼”，直至三更。

夜市各类“杂嚼”的小吃种类繁多，营业到三更。除了上述的夜市外，还有以土市子为中心的夜市，土市子夜市包括门内马行街及门外新封丘门大街，两旁民居、店铺、药店、官家宅第与诸班直军营等，“坊巷院落，纵横万数”，更是热闹：

> 夜市直至三更尽，才五更又复开张。如要闹去处，通晓不绝。寻常四梢远静去处，夜市亦有燋酸𮕽、猪胰胡饼、和菜饼、獾儿野狐肉、果木翘羹、灌肠、香糖果子之类。冬月虽大风雪阴雨，亦有夜市：䴊子、姜豉、抹脏、红丝、水晶脍、煎肝脏、蛤蜊、螃蟹、胡桃、泽州饧、奇豆、鹅梨、石榴、查子、榅桲、糍糕、团子、盐豉汤之类。至三更，方有提瓶卖茶者。盖都人公私荣干，夜深方归也。

土市子东边有条十字街，“茶坊每五更点灯，博易买卖衣服、图画、花环、领抹之类，至晓即散，谓之鬼市子”。夜市饮食与其他行业互为依存经营，形成夜市的热闹繁华，如土市子西、宫城东角楼之东，有潘楼酒店，“其下每日自五更市合，买卖衣物、书画、珍玩、犀玉”等。这类夜市依附酒楼营业的时间经营，而汴京的酒楼，《东京梦华录》说“大抵诸酒肆瓦市，不以风雨寒暑，白昼通夜，骈阗如此”，也是汴京夜市兴盛的原因之一。

一个城市的夜市兴盛，除了这城市的商业繁荣外，更重要的是当地居民是否有空闲时间与闲钱，才有闲情消磨在夜市之中，品尝各种不同的饮食。当年大陆开放之初，许多朋友都去探幽或交流，但我却不动心。或问我何时前往，我答等大陆有小吃与夜市之后。我就是在大陆有了小吃与夜市之后，才到大陆行走的。所以，每次到大陆都探访当地的传统小吃和夜市，但发现他们越来越有闲而且也有钱了，于是山南海北吃起来。这次下中州，没有观光夜市的节目，但开封的夜市不能不去，于是我要求临时增加了这个节目。

开封的夜市场面很大，场子里桌凳已经摆齐，但没有启灶营业。后来才知道当地政府规定夜市七时开始，于是我在旁边巷子里闲逛，发现售卖饮食的车子里炉火正旺，锅里冒着油烟在那里等候着，一辆接一辆排列在那里，真的是升火待发。时间一到，几个人推着或拥着车子，推进场子，仿佛像野战演习，各自占领自己的阵地，开始忙碌起来。四下等待的人群像散兵冲进场子，夜市场子里的桌椅，刹那间被挤满了，人声嘈杂，伴着碗盘相碰的响声，掌灶师傅的锅铲敲着锅边，锅里灶上扩散着菜肴和面食的香味，这真是过去没有见过的场面和景象。

我并没有找张桌子坐下，只是在人缝里钻行。后来买了个烙饼卷麻叶，轻轻一拍，麻叶碎了，然后咬一口，脆软香甜。后来在一个卤羊蹄的摊子停下，望着一大锅卤羊蹄，想起当年汴京是吃羊肉的，现在习惯未改，还是喜爱此味。于是我买了两个卤羊蹄，用塑料袋盛着，但一转身袋子穿了，羊蹄跌落在地上。卖羊蹄的连忙又给我两个，我再付钱给他，他说什么也不要。我道了声谢，抓着羊蹄啃食起来，羊蹄味鲜软烂而微辛，一吮脱骨，非常好吃。最后，实在耐不住场子里的拥挤和闷热，于是挤进一家今天刚开张的肯德基店里去。但店里比店外更挤更嘈杂，好不容易要了杯冰红茶，挤了个座位，大口喝起来。隔着玻璃窗看着夜市的灯火和人影，但在室内拥挤与嘈杂声里，已没有闲情欣赏室外夜市的风光了。这种美国式的炸鸡自八十年代中后期登陆大陆，先侵蚀大都会，然后与汉堡向内地泛滥，如今竟在中州开封夜市旁落地了，喧哗的歌声与彩旗飘飘，和旁边夜市的情调不甚协调。

到中州总得吃几样地道的河南佳肴，如杞忧烘皮肘子、糖醋软熘鲤鱼焙面、两色腰子、紫苏肉、卤煮黄香管、琥珀冬瓜等。但参加旅行团就没有这种选择的自由，像豫菜名店又一新，就在夜市旁边的街上，来回经过好几次，想进去点几味真正的豫菜，但看看腕上的手表，时间来不及，只有怅然而去。不过，豫菜名肴糖醋软熘鲤鱼焙面，还是吃到的，那是在第一楼吃包子宴的时候。第一楼的包子，其广告说“提起来像灯笼，放下来似菊花，皮薄馅大，灌汤流油，软嫩鲜”，但是不见奇，不如天津狗不理家的包子，至于灌汤流油，也不如西安的贾家包子。所谓包子宴是同样的包子用不同的馅，一如西安的饺子宴，是非常单调乏味的。于是我对导游说，我出钱另外每桌加五百块钱的菜，特别指定要糖醋软熘鲤鱼焙面，心想到中州不吃这道菜是白来了。但上来后大失所望。这道熘鱼理应色泽柿红，油重不腻，甜中透酸，酸中微咸，鱼肉鲜嫩，用的是黄河的活鲤鱼。熘鱼和焙面同时上桌，焙面用的是现拉的龙须面，先吃熘鱼，然后以鱼汁回烧，再将焙面倾入。酥香适口，一肴两种不同的风味。河南有句俗话："鲤吃一尺，鲫吃八寸。"但这条鲤鱼还不到八寸，缩在大鱼盘里，色泽黯褐，上面撒着一层白素素的龙须面，别说吃了，真的连筷子也不想举。

不过，在洛阳的真不同，吃的一席水席，倒是真的不同。现在的真不同在洛阳华东街，前身是于记饭铺，由于庭选兄弟三人及其父在西大街卖大碗面和不翻汤、豆腐汤，当时称为两汤一面。后来迁到西华街路北，改名为新盛长，添了些经济的炒菜。日本侵华，轰炸洛阳，著名的中州饭庄、万景楼、春发楼被炸毁，新盛长收容了几个被炸大饭店的厨师，迁到北大街，经营洛阳地方风味的水席，更名真不同。河南有句土话："唱戏要腔，做菜要汤。"河南对于制汤非常讲究，分头汤、白汤、毛汤、清汤、套汤、追汤。所谓套汤是清汤临时加厚，用鸡帚，即胸肉剁泥，再套清一次。至于追汤，则是制好的清汤，再加入鸡、鸭，微火慢慢煮，以补追其鲜味。制成的汤，清可见底或浓似白乳。味美清醇，以浓汤制扒菜，是豫菜的一绝，所谓“扒菜不勾芡，汤汁自来黏”，这些不同的汤是洛阳水席的基础。我们吃的这席水席有牡丹燕菜、洛阳肉片、熬货、西辣鱼片、烩肝花、奶汤吊子、料子凤翅、滋补牛宝、酸汤焦炸丸，此外，还四压桌，腐乳千张肉、洛阳酥肉、洛阳海参、如意蛋汤，是吃饭用的，上了鸡蛋汤就完席了。最后点心四道，有鸡蛋灌饼、芝麻千层糕、油炒八宝饭、浆面条。水席上菜顺序，在汤菜之后，是一道烩或扒的菜，但不论扒烩都是连汤的。

水席不论档次高低，都有牡丹燕菜。这道菜由来已久，相传武则天即帝位后，洛阳东关菜园生长出一只特大的萝卜，长约三尺，上青下白，重三十二斤九两。进贡宫内，女皇大悦，命御膳房以此制菜，御厨思考后，制成此味羹汤，奉献武则天。武则天食后大悦，以此味鲜嫩爽口，味道独特，且有燕巢味道，赐名假燕巢，后称洛阳燕菜。其制法是取白萝卜中段，去皮切成二毫米粗、六厘米长的细丝，入水浸泡后，沥干水分，入干淀粉中拌匀，上笼透蒸，取出晾凉，入冷水抖开，再入干淀粉拌匀上笼略蒸，然后入汤煮烩，即为素燕巢或假燕巢。更以红绿蛋膏，制成牡丹花的红花绿叶，置于菜上，上笼哈透。哈透是豫菜制作术语，即上笼作短时间加热之谓，是为牡丹燕菜。且不论此菜是不是传于武则天，这却是一道粗菜细烹的河南传统菜，萝卜丝晶莹剔透，状似燕巢，汤清鲜利口，造型甚美。真的是洛阳牡丹甲天下，燕菜开出牡丹来。

素菜荤烹的假燕巢与假海参，都是河南传统的菜肴，常见于民间婚丧红白的流水席上，改良后成为豫菜名肴。不过，在洛阳、开封、郑州几天，吃的都是旅游餐，当然吃不到什么地道的豫菜，且举在洛阳大酒店吃的一张菜单，有野鸡炖蘑菇、罐羊肉、熘肝尖、冻豆腐炖白菜、水煮鳝片、萝卜炒腊肉。其中除熘肝尖是豫菜，其他如野鸡炖蘑菇、冻豆腐炖白菜是东北菜，水煮鳝片、罐羊肉是川菜，萝卜炒腊肉是毛家菜，也就是毛泽东欢喜吃的菜。使我想起来中州的途中，经过小浪底，是黄河截流工程的所在地。中午在工程处餐厅午饭，菜单介绍这家餐厅由东北与四川厨师主理，就点了东北菜的冻豆腐炖白菜、野鸡炖蘑菇两味，冻豆腐炖白菜里有粉条大肉，甚是粗犷，野鸡炖蘑菇，蘑菇来自东北长白山，味道与众不同。其他如肉焖子、炒肉渍菜，还有白肉血肠都是东北菜肴。至于川菜则有干煸泥鳅、家常鳝鱼、水煮牛肉、鱼香肉丝、麻婆豆腐、干烧鲤鱼、罐煨羊肉。这些东北菜与川菜都非常地道，没有想到在荒野中，竟能吃到这样的家常美味，真是这次客中一乐。现在河南流行的是川菜，一路行来，沿途打尖的饭店都以川味为号召，入夜之后霓虹灯闪耀，宛如驶行在蜀道上。除了川味外，粤菜也是河南人喜爱的，手边留得一份八八八元的结婚喜宴菜单，是向往的饭店附设餐厅要来的，其菜肴有白灼斑节虾、沙津海鲜卷、花枝炒鲜贝、避风塘焗蟹、夏果牛柳丁、碧绿上鸡汤、清蒸桂花鱼、北菇扒时蔬菜，单观这张菜单，真不知今日域中竟是谁家天下了。

那天，在开封游罢为观光而兴建的龙亭，经潘杨二湖，过御街，竟见到复建樊楼，楼高三楹，飞檐画栋，心中不由一喜，想叫司机停车，下去拍张照片。突然发现大门悬的竟是潮州海鲜酒家的招牌，于是兴趣索然，兀坐在座位上任车子驶过御街。心里想的却是在龙亭跨院的纸雕画展览，展览室展出一幅很长、雕作细腻的《清明上河图》，室内竟无人观赏，我流连了很久。发现屋角坐着一位老者，过去攀谈，他就是作者。他非常感谢我，因为我是今天参观的第一个人。午后的阳光照进室内，映在他含笑的脸上，但那笑容是那么落寞与孤寂。

饮茶及饮下午茶

最近，我们又去了香港，没事，行街而已。行街是粤语，闲来无事街上逛的意思。

我在香港住了近二十年，算是老香港了。但始终是个过客，飘浮在这个城市之中，却无法生根，只是在那里活着。不过，这年头能活着，而且无拘无束，已经是不容易的事了。

离开香港后，每年都抽空到香港闲散些时日。对香港我是熟悉的，当年到香港教书，课业负担不重，最初又住在市区，没事就香港九通街走，上茶楼下小馆，吃吃大排档，坐坐茶餐厅，略窥香港的饮食门径，和当地朋友出去上馆子吃饭，提调点菜都是我，也可以和报上写专栏的食评家论道，但仍不敢说谙识香港饮食。饮食虽小道，但五花八门各有门径，自有渊源，非深知其故者，岂可信口雌黄。

一、尖沙咀饮食圈

我是个念旧的人，每次到香港都会探访些吃过的街坊小菜馆。往往是兴兴然而往，怅怅然而返。因为那些僻街的小食肆，不是因拆楼歇业，或者撑不下去“不玩了”。“不玩了”是一家熟悉的海鲜小酒家，拉下了铁门，铁门上贴的斗大的告白：“玩不下去，不玩了！”香港虽为美食天堂，但在社会迅速的转变中，传统的饮食业经营不易，每次去香港，都发现熟悉的吃食店又少了几家。对我们念旧的人而言，每一件熟悉的事物，因环境转变而消逝或没落，都会感叹一番。

我一度曾担心香港会有大变。所以，在一九九七将临的那个寒假，到香港住了一个月，并在那里过了个冷清的春节。节前走访几个街市（传统市场）和超市，依旧人潮汹涌，熙熙攘攘，真的是处变不惊。虽然处变不惊，但一池春水里仍有些微波澜：青岛水饺进入超市的冰柜，与叉烧包并列，茶楼多了炸馒头一品，过去香港人对这些北方食品，不屑一顾的。而且云南过桥米线在港九新界普遍流行，兰州拉面也跟着过来了。看来香港人在饮食方面已做了应变的准备。不过，这些外来食品为了适应香港人的口味，似已做了某种程度的转变。

一九九七年后，象征殖民式统治权威（香港许多街道都是历任港督的名字）的街道名称如太子道、皇后道、弥敦道、漆咸道等并未更改，香港人的生活依旧。于是，我们又去香港闲散。这几年去香港，都住在百乐酒店。

百乐酒店在漆咸道上，左右近临加连威老道与金马伦道。港九有几个饮食的集中地，尖沙咀是最繁华的一个。这里又是尖沙咀饮食的中心点，包括附近几条街道自成一个饮食圈，食肆鳞比，华洋杂处，传统新潮并列，东西皆有，少说也有百十来家。京菜有鹿鸣春、泰丰楼、乐宫楼、仙宫楼。上海菜有大上海、老正兴、一品香。粤菜有嘉麟楼，还有香港最老的中化西餐太平馆，茶楼有九记、联兴、翠园，南洋、瑞士、法国、意大利与日本料理都有，最近加连威老道新开了一家专卖卤肉饭、干面与珍珠奶茶的台湾料理店。这里还有许多二十四小时营业的茶餐厅……入夜之后，灯火辉煌，人声沸腾，我行走其间，左右逢源，不必远求了。

这一带我原来就非常熟悉，过去加连威老道有许多专售江南食品的南货店，供应江南时鲜如冬笋、荠菜、马兰头与家乡肉、黄泥螺、熏蛋等。尤其秋风起后，蟹字旗满街招展，这些蟹字旗一式黄底绿边，中间写了个斗大的红蟹字，南来的大闸蟹都集中在这里。如果仔细挑拣，偶尔也会找到青背白腹金毛爪的阳澄湖大闸蟹，当然价钱就不便宜了，通常吃的都是其他湖泊或江河产的。往往大闸蟹上市，我都会选一篓，约六十只，置于冰箱中上覆湿毛巾，执螯把盏大嚼起来，最后来一碗现拆的蟹粉面，人生之乐，不过如此。

但这些南货店都歇业了。当初这些南货店之兴，为了一解南来上海人的莼鲈之思，如今老一代的上海人逐渐凋零，而且现在上海与香港往来方便，欲思家乡味，可以立即还乡。再说新一代的上海人在香港长大，自幼就习惯香港饮食，早已把他乡当故乡了。这些南货店的消逝是必然的趋势。南货店的主要功能虽尽，但大闸蟹的风味却被港人欣赏。其味鲜美远超油黄蟹，大家也吃大闸蟹了。蟹季一到，街边尽是蟹档，这些蟹档做一季可以吃一年。所以，去年留下的残旧蟹字旗，仍然在拥挤的人群中，炙热的阳光下，没精打采地飘着，也是香港社会饮食文化转变中的一个场景。

在金马伦道、加连威老道之间，有条小街名曰厚福街，是港九街道名称中最有中国味道的一条小街。实际不能称其为街，只是条小巷子，而且是个死胡同。但这条巷子却隐藏着十家小馆子，很少人知道，却是我过去常流连的地方。现在这条巷子依旧，但两旁的饮食店已是几经沧桑了。我怀念的还是歇业已久的顺德公小酒家。顺德菜是构成广府菜的一支，其所售皆家乡俚味，有钵仔鹅、焗鱼肠、焗禾虫、韭菜猪红，冬天有姜葱煀鲤鱼，还有写在墙上玻璃镜子中的时菜和捻手小炒，这些小炒都是很够镬气。粤人称镬气，就是我们说的火候。我常欢喜约朋友来此小酌。不仅价廉物美，而且甚有普罗气氛。

二、洪利粥品与阿大靓汤

如今顺德公早已歇业，出奇的是那家洪利粥品店，竟然伫然独存，而且是厚福街数十年没有更改门面的老字号。入门一边是粥档，一面是炸油器的油锅，店内散放着几张简单的桌凳，桌上有酱油外，还有一大瓶白芝麻和牙签。白芝麻是撒在肠粉上吃的，牙签用来叉肠粉的。现制肠粉的灶在里屋，雾气腾腾的。这是一家典型的粥品店，除了在传统菜市场附近，其他地方已经很难找了，没有想到这里竟有一家，而且早晨生意兴隆。

中国吃粥的历史源远流长，各地皆有，但广东粥是一绝。不过，一般都称粥为稀饭，但广东却不这样称，因为稀饭二字，粤语发音甚是不雅。而且广东粥的煲法，的确与我煮稀饭不同，一般煮稀饭下米加水，待米开花后改文火熬煮即成。广东粥除米之外，加大骨与干贝，面上滴几滴生油，明火煲煮至糜状，稀稠适度又不见米粒，是件既花功夫又费时的事。这种粥煲成后，是为粥底，即白粥，又称明火或米王。粥的好坏就在粥底，然后将粥底置于小铜锅中下各类不同的材料，即成艇仔、皮蛋瘦肉、及第、牛肉丸、鱼片鲮鱼球粥等，最贵的是鲍鱼明虾粥。港九这类生滚粥品店不少，如富记、妹记、润记、弥敦等。这种粥生滚的粥品店有白灼腰润（猪润即是猪肝，广东人讳忌多，肝与干同音、舌与蚀同音，不吉利，所以舌称脷，淡菜称旺菜）、鱼生与冷拌脆鱼皮可吃。最近台湾颇流行广东粥，但仅粥底一项，就无法与真正的广东粥相提并论了。

不过，这类生滚粥品店，吃不到现制的肠粉与刚出锅的热油条。要吃这些就得去像洪利那样的粥品店。洪利粥品店生滚的粥的品类不多，仅牛仔（碎牛肉）、艇仔、鱼片、猪红，偶也有粉肠粥出售，配斋肠、炸肠，炸肠即肠粉包油条，俗称炸两，或豉油王炒面或牛脷酥食之。我吃了粥余兴未了，再来碗米王，以刚出锅的热油条蘸而食之，确是绝配。广东油条粗而短且实，甚有口感。没有想到，在这样热闹繁华的街上，竟容得这样老旧传统的粥铺，真是异事。洪利粥品店距我住的酒店，近在咫尺，晨起即欣然前往，也许是我住在这里的另一个因由。

在加拿芬道有一家阿大靓汤，在到处都是阿二靓汤的市招，这家阿大靓汤是一枝独秀别无分店。靓汤，是美好的汤，一如美女称靓女。香港人嗜饮汤，晚饭餐前必饮汤。他们饮的汤和我们不同，称我们的汤为滚汤，立时即可，他们饮的汤经过老火久煲而成。不论穷富每家中必备大瓦罐一只，用来煲汤，而且香港人对所吃的蔬果畜肉，都有寒燥之分。因此不同季节饮不同的汤水，煲汤除主料外，配料淮山、枸杞、南北杏与其他药材常有，老姜、陈皮与蜜枣必备。常见是青红萝卜煲不见天，不见天是猪腋下面的那块肉，久煮仍滑嫩如故。螺头冬瓜荷叶煲老鸭，夏天可以消暑，小赤豆葛菜煲鲮鱼，可以祛湿。而且以形补形，北菇花胶煲凤爪，可以助足劲，腐竹白果煲猪肺，可以化痰润肺，天麻炖猪脑，可以补脑。港人隔水蒸称炖，如炖水蛋就是蒸蛋。

汤靓不靓，全凭家庭主妇的巧手与否。阿大是大太太，阿二是外室。平时男人在外工作，晚饭必回家饮汤吃饭，在阿二家只能饮点汤，免得回家吃不下饭露了马脚。所以，阿二必能煲靓汤，拢着男人的心，一如阿二靓汤店里宣传的："阿二秘方，家乡靓汤。"一日和同事饭于学校对面雍雅山房。雍雅山房在半山，甚僻静。见一对男女乘靓车而来，男的五十来岁大腹便便，女的青春少艾美目盼兮。刚坐下还没点菜，女的便从提包取出小暖水瓶，另取自备小碗抹擦干净，然后启开暖水瓶盖子，倾倒一碗递给男的，那男的慢慢啜饮起来。真是男的饮得称心，女的看得开心，这可能就是阿二靓汤了。过去海港城还有家三姐靓汤店。当年香港行大清律，可以纳三房四妾，现在已经不兴了。于是，在香港社会变迁中，又出现了一种另类的外食人口，阿二也抛头露面上街做起靓汤的营生来了。

三、云如茶楼与陆羽茶室

到香港总是要饮茶的，在家饮汤，出街上茶楼饮茶，是香港人的生活习惯。我曾写过《饮咗茶未》，叙述广式饮茶的由来，及港人饮茶的社会意义与功能。生活在香港，如果不习惯上茶楼饮茶，就无法真正了解港人的生活方式。港人晨起，道旁相遇，不互道早，而问饮咗茶未？上得茶楼，来个一盅两件，再加上一份报纸，如果遇到熟人搭个台，天南地北聊起来，就可以叹一个上午了。

茶市分早午，早晨的茶市为了方便晨运的老人及清晨工作者，有的清晨五点就启市，天还没亮就人声沸腾，真的是一日之计在于晨了。但午市的茶客就没有那么悠闲了，多是些在写字楼打工的，他们忽忽而来，一盅北菇鸡饭或豉汁排骨饭，或一碟粉面，狼吞虎咽而食，吃完喝杯茶抹抹嘴就走，这是香港的外食人口。这种外食人口是工商业城市发展到一定程度以后才出现的。他们是香港工商业社会转型的推手，需要的是时间和速度，已经不能再像早市的茶客那样慢慢叹了。这批外食的人口，在香港少说也是两百万。

后来在香港，我们也习惯饮茶了。平日行街，走到哪里饮到哪里，但也有固定的茶楼，每周总会去饮两三次茶。每逢过年，手执红封一叠，上茶楼派利市。利市就是压岁钱，一封十块二十块，钱虽不多，讨个吉利彩头而已。领班的部长，带位的小姐，推车卖点心的阿婶，见者有份。以后一年大家更亲稔，不论再挤，我们总是有位子的。虽然上茶楼吃的点心就是那几款，饮的茶都是水仙，但渐渐有了饮茶的习惯。回到台北后，找不到合适的饮茶的所在。两年前在北新路上，偶然发现一家不大的粤菜餐厅，水滚茶靓，点心数不多，都是现点现蒸现炸的，水平不下于香港茶楼，真的好花开在深山内，美女生在小门庭了，我们每周都来这里饮茶。

每次到香港第一件事，就是饮茶。香港的茶楼来自广州，广州的茶楼由清咸丰同治年间的“二厘馆”始。所谓二厘馆是茶资二厘，当时一个角洋合七十二厘。二厘馆设备简陋，木桌木凳，供应糕点，店前挂有某“茶话”的幌子，专为肩挑负贩者提供一歇脚叙话之所。后来又出现了“茶居”，如五柳居、永安居等，是有闲者消磨时间的去处。五口通商后，广州成为南方的通商口岸，原来中国四大镇的佛山，逐渐衰落，资本转移到广州。佛山七里堡乡人来广州经营茶楼，遂有金华、利南、其昌、祥珍四大茶楼之兴。七里堡乡人经营茶楼的手法，是先购地后建楼，茶楼占地极广，楼高三层，装潢得金碧辉煌，此后广府人始有茶楼可上，有茶可叹。

香港的饮茶源自广府，广州有惠如茶楼，创于光绪年间，其门首悬有一联：“惠己惠人素持公道，如亲如故长暖客情。”三十年代更推出“星期美点”，八甜八咸的十六款点心，以大字红榜张于门首，每周更变一次，这是香港“羊城美点”的由来。早期香港多“如”字号的茶楼，如龙如、凤如、云如，等等，或与广州惠如茶楼有关。最后拆楼歇业的是在上海街的云如茶楼。歇业前我们再去云如饮茶，云如茶楼楼分三层，一楼二楼是卡座，也有散座，每一座皆有痰盂一个，偶备茶客倾洗盅筷或吐哺之用。堂倌提着大铜茶壶穿梭往来其间，卖点心的阿婶负竹筐，筐内盛点心，往来叫卖。三楼是遛鸟人专用的，厅里纵横拉了许多铁丝，为悬鸟笼之用。沿窗挂着各式不同鸟笼，偶尔笼中鸟也会高唱和鸣一番，座上的茶客一面欣赏鸟语，一面着茶和临坐客人高声谈论着。在此饮茶，往往有时间停滞的感觉。云如茶楼有大包出售，这种奉客的点心，其他茶楼早已绝迹，个大一笼一个，内容丰富，真的是价廉物美，非常有人情味。

后来，云如真的拆了，也不知那些遛鸟的茶客又流落何方。现在剩下的老茶楼，只有港岛的陆羽茶室了。陆羽茶室的格调比较高，精致小巧，也楼分三层，家具全是酸枝的。堂里花瓶摆设都是古董。茶叶不论普洱、寿眉、铁观音都自原产自定义自制，点心还保持羊城美点的余韵，每周调换一次，但其看家点心如莲蓉粽与煎粉果连汤，却是不更换的，就像当年广州的惠如茶楼星期美点，其看家的美点鱼脯干蒸烧卖，也是不更换的。不过，到陆羽茶室饮茶不易，虽堂中空无一人，却无法找到座位，因为座位早已被人订了。我每次过海办事，都在十一点半以前到陆羽，进门先向领班的三叔问好，问他最近关节炎好些吗，并言明十二点九就走。十二点九就是十二点三刻，因为下午一点订位的老客人要来了。有的老客人祖孙三代相继在这里饮茶，吃的就是那些点心，饮的只是一种茶，真的是百吃不厌，成为他们日常生活中不可或缺的一部分了。

四、洞天深处饮鸳鸯

这次到香港饮茶，发现光景大不如前了。许多大茶楼的茶客大批流失，剩下的多是老弱妇孺。那批流失的青壮茶客，转向茶餐厅吃大盘饭了。香港最近几年百业不振，唯茶餐厅一枝独秀。在我们下榻的酒店附近，就有十来家茶餐厅，有的是新张，有的是旧店扩装，内部装潢较过去光鲜亮丽，座位也增多了。而且这些茶餐厅都二十四小时营业，夜深之后，诸业打烊，街上车静人稀，唯有茶餐厅的霓虹灯大招牌亮着，直到次日旭日东升。

香港的茶餐厅是香港与西方饮食文化接触后，产生的一种特殊的景象，由英国人饮下午茶的习惯转变而来。欧洲夏日昼长，在午晚餐之间，增加了一顿下午茶。英国东来统治香港，也将饮下午茶的习惯带过来了。最初流行于士绅买办之间，后来普及各个阶层，机关商号都有饮下午茶时间。即使在工地工作的蓝领，下午茶的时间一到，立即停下工作，一罐汽水或可乐，加上一个面包，就算饮下午茶了。下午茶的习惯形成后，多少影响到他们的饮食习惯，一般香港家庭吃晚饭较晚，在酒楼结婚摆酒，都拖到晚上九点三刻才开席，虽然是取“九九”（久久）吉利，但和贺客都饮过下午茶有关，否则谁能挨到那么晚才吃。

香港小市民饮下午茶，大多都在茶餐厅。这类茶餐厅兴于三十年代，为了适应消费能力低的小市民，而出现了一种价钱低廉起菜快速的饮食行业，湾仔的檀岛咖啡饼店，中环威灵顿街的乐香园，跑马地的祥兴咖啡室，还有九龙城的洞天冰室。当年我们常去洞天。洞天的门面不大，进门柜台旁边，挂着一幅《吕洞宾乘龙得道图》，两旁是扶乩写成的对联，字迹龙飞凤舞，只是不记得内容了。室内散座卡位都是木桌木椅，木质黑黝，壁上灯光昏暗，都有些年月了。进得店来，宛如进了神仙洞府，真的是别有洞天。我们来这里饮下午茶，倒不是为了沾些仙气，而是这里的鸳鸯特别香滑。这种以炼乳打底，褐色咖啡与红茶参混，呈褚红色的饮料，入口有点苦有点涩，且飘着淡淡乳香，甘浓香滑，甚有回味。其名曰鸳鸯，不知何人取的名字，俗中有雅，恰如其分。这种奶茶与咖啡混合特殊的港式饮料，只有在茶餐厅才能饮到。因为茶餐厅每天清晨冲茶，混合几种不同的茶叶，以白洋布袋相隔，再加上纯熟的撞茶技巧冲沏而成。和用两只茶袋泡的奶茶，风味是完全不同的，真的是西体中用了。

我欢喜饮鸳鸯，更欢喜茶餐厅的气氛，下午新鲜的面包出炉，座上的客人已满，和别的茶客搭个台，来一杯鸳鸯，再添一个菠萝包或蛋挞，慢慢啜饮起来，静静四周观察。茶客或踞坐或蹲于几凳之上，研究马经，或抨击时弊，喧哗丢丢声盈耳，这才是香港小市民的生活图像。香港小市民的生活平淡，而且要求不多，得叹下午茶于茶餐厅中，他们似乎已拥有整个世界了。香港的茶餐厅是香港饮食文化的特色，将一种外来的饮食习惯，转变成他们自己的生活方式。一如跑马是西方上流社会消闲的活动，流传到香港以后，变成港人的全民运动，上至亿万富豪，下至贩夫走卒，皆乐此不疲，是世界其他地方少有的。茶餐厅在香港兴起，以及普遍于巷里间，也表现香港人对不同饮食习惯兼容并蓄的肚量。

香港的茶餐厅中西兼备，以早餐为例是火腿通粉（或鸡丝、沙爹牛肉面、雪菜肉丝面）、西煎双蛋、牛油方包、咖啡，当然也可以换成鸳鸯。下午茶两点钟开始，各式面包与蛋挞随时出炉，还有烧味、百搭茶餐、干炒牛河、三丝炒濑粉、雪菜肉丝炆米粉、上海粗炒面，等等，还有年轻人喜食的西煎猪扒、美式牛扒、炸鸡翼拼薯条、西多士等，名目繁多，皆奉奶茶与咖啡。

最近几年茶餐厅更兼蓄香港大排档的食品，大排档是露天食档的俗称，由于最初港府给这些排档的面积较大，于是便有大排档的称谓。后来港府为整顿市容，减少阻街，纷纷将这些大排档迁入熟食中心，茶餐厅就兼容了这一部分食品。于是，原来售于大排档的鱼蛋（丸）、墨（鱼）丸、牛丸、鱼饺、云吞、牛腩、牛肚都进入茶餐厅，甚至外来的清汤牛腩也有。这种清汤牛腩和一般的牛腩不同，以牛骨、鸡与大地鱼作汤底煮炆而成。

大排档除了一般小吃外，还有小菜出售。一般认为大排档的炒菜镬气佳，大排档的炉火旺，爆炒起来火苗升得很高，看着打着赤膊的大师傅端起锅来，几个翻炒就起锅了。大排档生意兴旺后，由露天而租房子开店，称为大排档上楼，于是有了街坊小菜和捻手小炒。现今这些街坊的小酒家难以维持歇了业，街坊小菜也进入了茶餐厅，如豉汁蒸排骨、西柠煎软鸡、西芹滑鸡柳、滑蛋鲜虾仁、椒盐白饭鱼、椒盐豆腐海蜇、菜薳炒牛肉、凉瓜炆火腩、炆大鳝、冬瓜豆卜炆火腩、时菜炒鱼松、粟米石斑块、榄菜肉松四季豆、豉汁炒鹅肠、云耳胜瓜炒肉片、虾酱通菜牛肉、上汤金银蛋浸苋菜等。蒸菜有豉蒜蒸大鳝、豉汁蒸鱼云、雪菜肉丝蒸鲩鱼，煲仔菜有咸鱼鸡粒豆腐煲、红烧斑腩煲、姜葱鱼腩煲、南乳虾米银丝节瓜煲、啫啫鸡煲、梅菜扣肉煲、咖喱牛腩煲，等等，香港一般吃的家常小菜尽在此矣，另外还有烧鹅、油鸡与烧肉，物虽不尽美却价廉，每款不过三十多元。并配白饭，例汤或茶。

茶餐厅原来是由西方饮下午茶的形式转化来的，现在却中西兼备，并将香港大排档的小吃、流行的坊间小菜纳于其中，成为香港人日常外食人口不可或缺的饮食所在。一日二十四小时营业，不同时段有不同的食客，早晨有起早上工或晚班放工的男女，在这里吃早餐，午晚有一批自茶楼转来的白领食客，这几年经济萧条，得慳就慳，在这里默默进食，正是港人共体时艰的表现。午夜过后，又换了一批有家却不愿回家的少年后生，他们在那里嬉闹高谈，喝着可乐，吃着薯条，啃着炸鸡脾，又是另一番景象。但值得留意的是，这批少年后生又是将来引导二十一世纪香港饮食取向的人。香港的社会在变，饮食的取向也在变，这种转变的痕迹，却反映在茶楼和茶餐厅之间，可能与传统渐行渐远了，我抄录这些菜码，算是留个记录。

一晚倦游归来，已近午夜，想喝杯鸳鸯，进得茶餐厅，竟座无虚席，只好对坐在台里的老板说："鸳鸯行街，走糖。"此处行街是外卖，意思是鸳鸯外卖，不要加糖。

馋人说馋

前些时，去了一趟北京。在那里住了十天。像过去在大陆行走一样，既不探幽揽胜，也不学术挂钩，两肩担一口，纯粹探访些真正人民的吃食。所以，在北京穿大街过胡同，确实吃了不少。但我非燕人，过去也没在北京待过，不知这些吃食的旧时味，而且经过一次天翻地覆以后，又改变了多少，不由想起唐鲁孙来。

七十年代初，台北文坛突然出了一位新进的老作家。所谓新进，过去从没听过他的名号。至于老，他操笔为文时，已经花甲开外了，他就是唐鲁孙。一九七二年《联副》发表了一篇充满“京味儿”的《吃在北平》，不仅引起老北京的莼鲈之思，海内外一时传诵。自此，唐鲁孙不仅是位新进的老作家，又是一位多产的作家，从那时开始到他谢世的十余年间，前后出版了十二册谈故乡岁时风物，市尘风俗，饮食风尚，并兼谈其他轶闻掌故的集子。

这些集子的内容虽然很驳杂，却以饮食为主，百分之七十以上是谈饮食的，唐鲁孙对吃有这么浓厚的兴趣，而且又那么执着，归根结底只有一个字，就是馋。他在《烙盒子》写道："前些时候，读逯耀东先生谈过天兴居，于是把我馋人的馋虫，勾了上来。"梁实秋先生读了唐鲁孙最初结集的《中国吃》，写文章说："中国人馋，也许北京人比较起来更馋。"唐鲁孙的回应是："在下忝为中国人，又是土生土长的北京人，可以够得上馋中之馋了。"而且唐鲁孙的亲友原本就称他为馋人。他说："我的亲友是馋人卓相的，后来朋友读者觉得叫我馋人，有点难以启齿，于是赐以佳名叫我美食家，其实说白了还是馋人。"其实，美食家和馋人还是有区别的。所谓的美食家自标身价，专挑贵的珍馐美味吃，馋人却不忌嘴，什么都吃，而且样样都吃得津津有味。唐鲁孙是个馋人，馋是他写作的动力。他写的一系列谈吃的文章，可谓之馋人说馋。

不过，唐鲁孙的馋，不是普通的馋，其来有自；唐鲁孙是旗人，原姓他塔拉氏，隶属镶红旗的八旗子弟。曾祖长善，字乐初，官至广东将军。长善风雅好文，在广东任上，曾招文廷式、梁鼎芬伴其二子共读，后来四人都入翰林。长子志锐，字伯愚，次子志钧，字仲鲁，曾任兵部侍郎，同情康梁变法，戊戌六君常集会其家，慈禧闻之不悦，调派志钧为伊犁将军，远赴新疆，后敕回，辛亥时遇刺。仲鲁是唐鲁孙的祖父，其名鲁孙即缘于此。唐鲁孙的曾叔祖父长叙，官至刑部侍郎，其二女并选入宫侍光绪，为珍妃、瑾妃。珍、瑾二妃是唐鲁孙的族姑祖母。民初，唐鲁孙时七八岁，进宫向瑾太妃叩春节，被封为一品官职。唐鲁孙的母亲是李鹤年之女。李鹤年奉天义州人，道光二十五年翰林，官至河南巡抚、河道总督、闽浙总督。

唐鲁孙是世泽名门之后，世宦家族饮食服制皆有定规，随便不得。唐鲁孙说他家以蛋炒饭与青椒炒牛肉丝试家厨，合则录用，且各有所司。小至家常吃的打卤面也不能马虎，要卤不泻汤，才算及格，吃面必须面一挑起就往嘴里送，筷子不翻动，卤就不泻了。这是唐鲁孙自小培植出的馋嘴的环境。不过，唐鲁孙虽家住北京，可是他先世游宦江浙、两广，远及云贵、川黔，成了东西南北的人。就饮食方面，尝遍南甜北咸，东辣西酸，口味不东不西，不南不北，变成杂合菜了。这对唐鲁孙这个馋人有个好处，以后吃遍天下都不挑嘴。

唐鲁孙的父亲过世得早，他十六七岁就要顶门立户，跟外交际应酬周旋，觥筹交错，展开了他走出家门的个人的饮食经验。唐鲁孙二十出头，就出外工作，先武汉后上海，游宦遍全国。他终于跨出北京城，东西看南北吃了，然其馋更甚于往日。他说他吃过江苏下里河的鲫鱼，松花江的白鱼，就是没有吃过青海的鳇鱼。后来终于有一个机会一履斯土。他说："时届隆冬数九，地冻天寒，谁都愿意在家过个合家团圆的舒服年，有了这个人弃我取、可遇不可求的机会，自然欣然束装就道，冒寒西行。"唐鲁孙这次"冒寒西行"，不仅吃到青海的鳇鱼、烤牦牛肉，还在甘肃兰州吃了全羊宴，唐鲁孙真是为馋走天涯了。

一九四六年，唐鲁孙渡海来台，初任台北松山烟厂的厂长，后来又调任屏东烟厂。一九七三年退休。退休后觉得无所事事，可以遣有生之涯，终于提笔为文。至于文章写作的范围，他说："寡人有疾，自命好啖，别人也称我馋人。所以，把以往吃过的旨酒名馔，写点出来，就足够自娱娱人的了。"于是馋人说馋就这样问世了。唐鲁孙说馋的文章，他最初的文友后来成为至交的夏元瑜说，唐鲁孙以文字形容烹调的味道，"好像《老残游记》山水风光，形容黑妞的大鼓一般"。这是说唐鲁孙的馋人谈馋，不仅写出吃的味道，并且以吃的场景，衬托出吃的情趣，这是很难有人能比拟的。所以如此，唐鲁孙说："任何事物都讲究个纯真，自己的舌头品出来的滋味，再用自己的手写出来，似乎比捕风捉影写出来的东西来得真实扼要些。"因此，唐鲁孙将自己的饮食经验真实扼要写出来，正好填补他所经历的那个时代某些饮食资料的真空，成为研究这个时期饮食流变的第一手资料。

尤其台湾过去半个世纪的饮食资料是一片空白，唐鲁孙一九四六年春天就来到台湾，他的所见、所闻与所吃，经过馋人说馋的真实扼要的记录，也可以看出其间饮食的流变。他说他初到台湾，除了太平町延平北路，几家穿廊圆拱，琼室丹房的蓬莱阁、新中华、小春园几家大酒家外，想找个像样的地方，又没有酒女侑酒的饭馆，可以说是凤毛麟角，几乎没有。一九四九后，各地人士纷纷来台，首先是广东菜大行其道，四川菜随后跟进，陕西泡馍居然也插上一脚，湖南菜闹腾一阵后，云南大薄片，湖北珍珠丸子，福建的红糟海鲜，也都曾热闹一时。后来，又想吃膏腴肥浓的档口菜，于是江浙菜又乘时而起，然后更将目标转向淮扬菜。于是，金齑玉脍登场献食，村童山老爱吃的山蔬野味，也纷纷杂陈。可以说集各地饮食之大成，汇南北口味为一炉，这是中国饮食在台湾的一次混合。

不过，这些外地来的美肴，唐鲁孙说吃起来，总有似是而非的感觉，经迁徙的影响与材料的取得不同，已非旧时味了。于是馋人随遇而安，就地取材解馋。唐鲁孙在台湾生活了三十多年，经常南来北往，横走东西，发现不少台湾在地的美味与小吃。他非常欣赏台湾的海鲜，认为台湾的海鲜集苏浙闽粤海鲜的大成，而且尤有过之，他就以这些海鲜解馋了。除了海鲜，唐鲁孙又寻觅各地的小吃。如四神汤、碰舍龟、吉仔米糕、肉粽、虱目鱼粥、美浓猪脚、台东旭虾等，这些都是台湾古早小吃，有些现在已经失传。唐鲁孙吃来津津有味，说来头头是道。他特别喜爱嘉义的鱼翅肉羹与东港的蜂窝虾仁。对于吃唐鲁孙兼容并蓄，而不独沾一味。其实要吃不仅要有好肚量，更要有辽阔的胸襟，不应有本土外来之殊，一视同仁。

唐鲁孙写中国饮食，虽然是馋人说馋。但馋人说馋，有时也说出道理来。他说中国幅员广阔，山川险阻，风土、人物、口味、气候，有极大的不同，因各地供应饮膳材料不同，也有很大差异，形成不同区域都有自己独特的口味，所谓南甜、北咸、东辣、西酸，虽不尽然，但大致不离谱。他说中国菜的分类约可分为三大体系，就是山东、江苏、广东。按河流来说则是黄河、长江、珠江三大流域的菜系，这种中国菜的分类方法，基本上和我相似。我讲中国历史的发展与流变，即一城、一河、两江。一城是长城，一河是黄河，两江是长江与珠江。中国的历史自上古与中古，近世与近代，渐渐由北向南过渡，中国饮食的发展与流变也寓其中。

唐鲁孙写馋人说馋，最初其中还有载不动的乡愁，但这种乡愁经时间的冲刷，渐渐淡去。已把他乡当故乡，再没有南北之分，本土与外来之别了。不过，他下笔却非常谨慎。他说："自重操笔墨生涯，自己规定一个原则，就是只谈饮食游乐，不及其他。良以宦海浮沉了半个世纪，如果臧否时事人物，惹些不必要的啰唆，岂不自找麻烦。"常言道大隐隐于朝，小隐隐于市。唐鲁孙却隐于饮食之中，随世间屈伸，虽然他自比馋人，却是个乐天知命而又自足的人。

（《唐鲁孙文集》序）

凉拌海参与《随园食单》

近来天热，难耐厨下的油煎火燎，学孟子所谓的君子，不近庖厨。即使下厨，也甚少举火。一日午觉醒来，突然想起当年梁实秋与闻一多，执教于国立青岛大学（山东大学前身），逢周末或假日，与同事数人，张饮酒楼之上。酒以尚好的绍酒，一坛约三十斤为度，菜肴则随季节变化。

时值盛夏，梁实秋要店家治凉拌海参一品。海参切丝置于冰柜，临吃取出，下调味料葱丝、芝麻酱、蒜泥、芥末、香油、酱油、醋调拌，是消暑下酒的佳肴。于是，立即起身，冰箱里尚有日前发妥的乌参一条，洗净，滚鸡汤下料酒及葱姜出水，以冰水淘之，凉透后切丝，置于冰箱，吃时取出，垫以黄瓜丝，拌以调料，并和以嫩姜丝与陈皮丝，再滴太仓糟油少许，即可。是晚，更饮贮于冻格的伏特加数杯，伏特加冰冻后，其稠如油，入口一股冰凉直落丹田，配凉海参食之，端的是绝佳妙品。

海参入馔，由来已久。三国时，吴国沈莹《临海水土异物志》称海参为土肉："土肉，正黑，如小儿臂大，长五寸，中有腹，无口目，有三十足，炙食。"元贾铭《饮食须知》分析海参，认为其："味甘咸，性寒滑。患泄泻痢下者勿食。"谢肇淛《五杂组》叙海参之形状及其性："海参，辽东海滨有之，一名海男子。其状如男子势然，淡菜之对也。其性温补，足敌人参，故名海参。"初海参多为药用，明清之际的《本草从新》《百草镜》有记载。《百草镜》谓以海参，充庖煨猪肉，食可健脾。《闽小记》则说："海参得名，亦以能温补也。"因海参性温，与鱼翅并为宫廷御食。《酌中志·饮食好尚纪略》载："海参，鳆鱼，鲨鱼筋（鱼翅），肥鸡，猪蹄筋，共烩一处，名曰三事，恒喜用焉。"

入清以后，对海参的记载渐多。赵学敏《本草纲目拾遗》对海参的生长环境、加工的方法皆有叙述，并谓海参"至伏月则潜伏海中极深处石底，或泥穴中，不易取，其质肥厚，皮刺光泽，味最美，此为第一，名曰伏皮，价颇昂，入药以此种为上"。郝懿行《记海错》则谓"海人没水底取之，置烈日中，濡柔如欲消尽，瀹以盐则定，然味仍不咸，用炭灰腌之，即坚韧而黑"，其腌制之法与今同。至于海参入馔，袁枚《随园食单·海鲜》有"海参三法"：

海参，无味之物，多沙气腥，最难讨好。然天性浓重，断不可以清汤煨也。须检小刺参，先泡去沙泥，用肉汤滚泡三次，然后以鸡、肉两汁红煨极烂。辅佐则用香蕈、木耳，以其色黑相似也。大抵明日请客，则先一日要煨，海参才烂。尝见钱观察家，夏日用芥末、鸡汁拌海参丝，甚佳。或切小碎丁，用笋丁、香蕈丁入鸡汤煨作羹。蒋侍郎家用豆腐皮、鸡腿、蘑菇煨海参，亦佳。

《随园食单》所列的海参三法，一为煨焖，一为作羹，一为凉拌。其凉拌“夏日用芥末、鸡汁拌海参丝”，梁实秋凉拌海参的灵感，或得自此。凉拌海参一味，亦售于食肆，《桐桥倚棹录》记载道光年间苏州虎丘桐桥间的食肆，出售的众多的菜中，有烩海参、什锦海参、蝴蝶海参、海参鸡、拌海参等多种。其拌海参或与《随园食单》同，已成为市井流行的佳肴。

随园主人袁枚，清乾隆四年进士，翰林院庶吉士，前后历任江苏溧水、江宁知县。年未四十即退官，于南京小仓山筑随园，或谓随园所在，即曹雪芹家的旧府第。自此隐影山林，广交宾朋，论文赋诗五十年，是清代著名的文学家与诗人。著有《小仓山房诗文集》《随园诗话》《随园随笔》多种。《随园食单》是袁枚四十年饮馔经验的集结。《随园食单》序云：“每食于某氏而饱，必使家厨往彼灶觚，执弟子之礼。”每在外得佳肴，即命家厨前往执弟子礼学习。因此“四十年来，颇集众美”。《随园食单》刊于乾隆五十七年，反映了清康乾盛世的江南饮馔风貌。

袁枚在《随园食单》序中批评了孟子的饮食观念，他说："孟子虽贱饮食之人，而又言饥渴未能得饮食之正。"这种批评不仅突破以往饮馔之书，著录于"农家""方技"的框限，并将饮馔之书提升至艺术的层面。《四库总目提要》即将饮馔之书，自"农家"与"方技"析出，与器物、墨砚、花卉并列，置于"艺术"之后，另成"谱录"一类。负责主编《四库总目》的纪昀与袁枚同时，《随园食单》更实践了这种观念，并引导明清文人食谱更上层楼，进入一个新的境界。饮食虽为小道，但袁枚认为也是一种学问。他说："学问之道，先知而后行，饮食亦然。"

《随园食单》全书分"须知单""戒单""海鲜单""江鲜单""特牲单""杂牲单""羽族单""小菜单""点心单""茶酒单"等十四种，三百余品。对于各种材料的处理，一如其写诗论文，特别重视性灵。所以他说："凡物各有先天，如人各有资禀。人性下愚，虽孔孟教之，无益也；物性不良，虽易牙烹之，亦无味也。"中国饮馔之书可分三类：一为叙烹调之，如北魏崔浩《食经》；一为仅载菜肴品目，如唐韦巨源《烧尾宴食单》；一为叙饮馔掌故，如宋陶谷《清异录》。袁枚《随园食单》叙烹调之法，仅举大端。但举一反三，并参照扬州盐商童岳荐的《调鼎集》，仍有迹可循。此后的淮扬菜系即由此出，也是京苏大菜的渊源所自。

犹忆十多年前，初访金陵，寓于南京大学，得识其餐厅的莫师傅。莫师傅是餐厅外包的老板，特一级厨师。或出自胡长龄门下。胡长龄是金陵的首厨，能治随园菜。几次餐叙都是由莫师傅掌勺，吃到地道的金陵美肴。于是和他谈到随园菜。当时刚开放不久，他说材料不易取。的确，后来我临行，回请接待的诸先生，请莫师傅治一席。席间有冬瓜盅一味，所用的冬瓜，还是莫师傅亲自下乡自个体户家中搜得。因为当时市上所售冬瓜，既大且老不堪用。后来经济渐醒，发展观光，各地纷纷出现仿古菜，杭州有八卦楼的仿宋菜，西安有曲江宴，红楼、金瓶饮馔也流行起来，南京的随园宴也应运而生。我虽皆未尝其味，但观其图片及文字记载，多华而不实，难见神韵。

不久前，饮食文学研讨会在台北召开，于圆山饭店摆过一次随园宴。不知谁拟的菜单，是日菜肴多不见于《随园食单》。可考者仅虾饼，按《随园食单·水族无鳞单》“虾饼”条下：“以虾捶烂，团而煎之，即为虾饼。”夏曾传《随园食单补证》：“或以网油卷而灼之，即为虾卷。”是日金钱虾饼颇类粤菜的桂林虾丸，是油炸而非“团而煎之”。

另有小菜大头菜一碟。《随园食单·小菜单》有大头菜一味，仅云：“大头菜出南京承恩寺，愈陈愈佳。入荤菜中，最能发鲜。”台湾所制大头菜，过咸而不香。须入水浸泡半日，始可食用。承恩寺的大头菜已不可得，扬州三和酱园的大头菜仍可用。不过夏曾传《随园食单补证》，引《云南记》叙云南大头菜，谓“嶲州界缘山野间，有菜大叶而粗茎，其根若大萝卜。土人蒸煮其根叶而食之，可以疗饥，名之为诸葛菜”，因诸葛亮南征时，军士曾以此菜充粮，故名。诸葛菜之根腌制后即为云南大头菜，夏曾传以此补注《随园食单》大头菜，云南大头菜或与承恩寺大头菜味相近。

前时去香港，在街边南货店货架底层，搜得云南玫瑰大头菜两盒。归来，忆起《食单》所谓大头菜“入荤菜中，最能发鲜”。于是，试依《食单》所载炒肉丝之方，略以调配，成大头菜炒鸡丝一味。按《食单》所载炒肉丝：“切细丝，去筋襻、皮、骨，用清酱、酒郁片时，用菜油熬起，白烟变青烟后，下肉炒匀，不停手，加蒸粉，醋一滴，糖一撮，葱白、韭蒜之类。”以肉丝换鸡的里脊丝，以云南大头菜，配阿里山发妥的冬笋尖，红椒一朵，并切细丝。依《食单》之法烹调之，出锅之后鸡丝与大头菜黑白分明，并衬以笋尖的微黄，椒丝的润红，色彩鲜艳，鲜味尽出，配粥下饭，夹馒头或酌酒，皆宜，置于冰箱亦可冷食。所以一粥一饭一肴，当思来处不易。而且皆有渊源，虽有变化，但不离其宗，不是凭空臆想的。

那日随园宴，我也应邀敬陪末座，席间要我说几句话，我仅说随园之食，宜小锅小灶，不适合拜拜，是日席开十余桌，热闹喧哗非凡，但已无人想到袁枚《随园食单》的雅致了。袁枚视其《食单》与诗作等同，其《杂书十一绝句》咏《食单》云：“吟咏余闲著《食单》，精微乃当咏诗看。出门事事都如意，只有餐盘合口难。”不难体会袁枚《食单》所蕴的诗意了。

红楼饮食不是梦

台湾“中央大学”中国文学系的康来新，酷爱《红楼》成痴，不仅有《红楼梦》的研究室，隔一段时间就请世界各地的红学家来台讨论《红楼》，今年又与沈春池基金会合办“引君入梦——一九九八《红楼梦》博览会”，各地的红学家又将在台北集会，我也应邀敬陪末座。

首先我必须说，我绝非红学专家。因为该看《红楼》的年纪，在战乱中度过，四处飘零，哪顾得小儿女情怀。胜利后在苏州，因读《茵梦湖》，想到《红楼梦》。买了本广文版的《红楼梦》，但字小行密，读了几回真的入梦了。才发现自己是个俗人，无法领悟梦中的情味。后来，治中国史学，因邓拓的一篇《论〈红楼梦〉的社会背景和历史意义》，掀起中国资本主义萌芽问题的讨论。中国资本主义萌芽问题，是中国历史解释“五朵金花”中的一朵。因此，开始翻阅《红楼梦》。又因近年讲“中国饮食史”，其中有明清小说中的饮食，《红楼》的饮食是不可缺的，不得不再读《红楼》。但都是些吃吃喝喝油油腻腻的材料，既无情趣且不雅，和红学家所探索的《红楼》大异其趣。不过，这次康来新却引我入梦，派给我的题目是“红楼饮食梦”。

对于“红楼饮食梦”这个题目，思之再三，觉得其中似有可讨论的地方。因为小说是文学创作重要的一环，文学创作和历史叙述不同，历史叙述为了寻觅历史的真相，文学创作则表现作者个人的才思。萧统编《昭明文选》，早有区分。所以，小说家对小说人物的塑造，故事情节的结构与发展，可凭个人的经验与想象而虚拟或创作。不过，小说家对小说中饮食的描绘，却和作者个人生活的时代与社会环境相应。这种作者时空交汇的生活习惯或经验，反映在小说创作之中，为我们保存了丰富的饮食资料。中国长篇小说兴于明清，讨论明清饮食生活与习惯，这个时期的小说是一个重要的源头。

施耐庵叙《大宋宣和遗事》，传《忠义水浒传》，其中有“灯火樊楼”的汴京名店，有武松醉打的快活林，还有荒村的小酒馆，更有卖人肉包子的黑店，梁山好汉大碗喝酒，大块吃肉，写的是宋代，表现的却是元末明初之际的饮食情况。元末明初天下乱，社会民生凋敝，饮食生活非常粗糙，《水浒》写“五俎八簋，百味庶馐”的琼林宴，也只是抽象的描绘，不能作具体的叙述。施耐庵完全无法理解孟元老《东京梦华录》所叙述宋代东京繁华的饮食景象。施耐庵和传《三国》的罗贯中都生于离乱，隐于江湖之中，所以，施耐庵对饮食的叙述，表现了当时社会实际的饮食情况。

同样的，《金瓶梅》写的是宋代，但如吴晗所说表现的却是明代万历前后，城市经济兴起，以西门庆为代表的城市居民实际饮食情况，《金瓶梅》饮食文化圈与“孔府”重叠，比《红楼梦》更具体表现当时实际的社会饮食情况。吴承恩《西游记》写的虽然是唐代神仙饮宴，实际却是明代后期的人间烟火。吴承恩科场落第，长期流落民间，漂泊于淮扬乡野寺庙间，所叙的斋宴都是这个地区的乡食俚味。

所以，小说所叙述的饮食，和作者个人的生活经验，有密切的关系。曹雪芹的好友敦诚《寄怀曹雪芹》诗，有“扬州旧梦久已觉，且著临邛犊鼻裈”，似乎暗示曹雪芹似司马相如，曾开过料理店。曹雪芹既被旧梦所牵，个人又精于烹调，其所叙《红楼》饮食皆有所自，且多“南味”。所以，《红楼》饮食不是梦。

第二辑　味分南北

茄　鲞

茄鲞，非曹雪芹所创。当时以茄子干制的茄鲞，南北皆有。丁宜曾《农圃便览》即载有茄鲞一味：“立秋茄鲞，将茄煮半熟，使板压扁，微拌盐，腌二日，取晒干，放好葱酱上，露一宿，瓷器收。”丁宜曾字椒圃，山东日照人。科举屡试不第，转而从事农田经营，留心农事。摘录前人有关农桑著述，并记录其故乡日照县西石梁村的农事见闻，于乾隆十七年撰成此书，二十年刊刻。此时或即曹雪芹困居西山，撰写《红楼》之时。当然，曹雪芹肯定没有看过《农圃便览》。不过，丁宜曾所记的茄鲞，行于鲁南，是一味流行民间的乡村俚食，和刘姥姥在大观园吃的茄鲞不同。

其实，茄鲞一味，基本上是茄子干制久贮，以便随时食用。因为大陆各地生产是有季节性的。当时京朝大吏出京巡视或上任，不似今日朝发暮至，往往一路行来要很长的时间，所经并非尽是通都大邑，可能宿于荒村小驿。随行厨师，多备此物，大人传膳，厨师自坛中取出，配以在地所取得鸡或其他肉类，或炒或拌，立即上桌，可饭可粥，也可以佐酒。所以当时将茄鲞称为“路菜”，是一种旅途中风餐露宿之食。

茄鲞原是普通的家常之食，南北皆有。但经曹雪芹粗菜精馔，素食荤烹之后，其中增加些江南的特产，不仅成为细致的“南食”，《红楼》的大观园中又多了一道美味。《红楼梦》四十一回叙茄鲞的制作：“凤姐儿笑道：这也不难。你把才下来的茄子，把皮劗了，只要净肉，切成碎钉子，用鸡油炸了，再用鸡脯子肉并香菌、新笋、蘑菇、五香豆腐干、各色干果子，俱切成钉子，用鸡汤煨干，将香油一收，外加糟油一拌，盛在瓷罐子里封严。要吃时拿出来，用炒的鸡瓜一拌就是。”

此处茄鲞的制作过程有三个阶段，首先是对茄子的处理，但省略一般制茄鲞的晒干阶段，也就是戚蓼生序本的“切成头发细的丝儿，晒干了”，直接用鸡油炸干。不过削茄子用竹刀，而非另本谓的“刨”。第二阶段是对配料的处理，然后以糟油拌和，置于瓷罐封严。最后吃时自罐中取出，和炒过的鸡瓜相拌即可。鸡瓜即鸡的小里脊，或谓鸡瓜是鸡爪，但鸡爪如何炒拌？而且用鸡爪相拌，将精致的菜肴变粗了，除非将鸡爪去骨，焯水爆炒，或堪一用，不过菜的颜色就不好看了。

至于配料，新笋、五香豆腐干、糟油皆江南产。新笋或是春笋，康熙皇帝最欢喜吃江南产的春笋，每次下江南必食此味。曹雪芹的祖父曹寅深体康熙心意，每次向北京进贡

“燕来笋”，也就是“笋菜沿江三月初”，燕子归巢时破土而出的春笋。曹雪芹嗜笋,《红楼》饮食中有鸡皮酸笋汤、鲜笋火腿汤、鸡髓笋等味。至于五香豆腐干，乾隆时苏州、扬州、杭州的五香豆腐干是当时名食，尤以扬州最著名。李斗《扬州画舫录》载扬州南贮草坡姚家的最好，时称姚干。清林苏门《邗江三百吟》云“晚饭炊成月正黄，家藏兼味究可尝。会当下箸愁无处，小菜街头卖五香”，指的就是扬州五香豆腐干。茄鲞以糟油拌后封存。糟油俗称糟卤，其制法：八角、丁香等作料，分别炒制，以纱布包妥，置于原坛黄油中，加适当盐或糖，封存二三月即成。糟油宜用于清淡的菜肴，炒拌皆可，现以江苏太仓的糟油最著名。茄鲞经糟油拌后，就成为地道的“南味”了。

不过，曹雪芹这样的茄鲞，配料凌驾主料。夏曾传《随园食单补证》说：“《红楼梦》茄鲞一法，制作精矣。细思之，茄味荡然。富贵之人失其天真，即此可见。”的确，数年前，厨下存太仓糟油半瓶，于是将茄子焯水晒成鲞，切拇指大块，与制成的配料以糟油同拌，置冰箱中三数日，取出，与爆炒鸡里脊同扣，其味如刘姥姥细嚼了半日茄鲞，笑道：“虽然有点茄子香，只是还不像茄子。”只是台湾的茄子，瘦长而少肉，制作茄鲞不易。

释　鲞

《红楼梦》四十一回有茄鲞一味，是《红楼梦》所记载的菜肴中，唯一有制作方法，而且将茄鲞制作过程，叙述得非常细致。刘姥姥听了摇头吐舌说道："我的佛祖，倒得十来只鸡来配他，怪道这个味儿。"

所以，从一九八三年在北京中山公园的来今雨轩，请红学专家吃的那席红楼宴，其中就有茄鲞一味。虽然，红学大家周汝昌为这场红楼宴，留下"名轩今夕来今雨，佳馔红楼海宇传"。不过，他却认为照王熙凤所说方法炮制的茄鲞，其实并不好吃。写《红楼风俗谭》的邓云乡，似也参加了这次盛会，他说这味茄鲞，黄蜡蜡的、油汪汪的一大盘子，上面有白色的丁状物，四周有红红绿绿的彩色花陪衬着，吃起来味道像宫保鸡丁加茄子。其后大陆流行起红楼宴来，其中必有茄鲞一味，其制法皆仿自来今雨轩。我参加过此间举行的红楼饮食夜话，品尝过一位烹饪专家制作的茄鲞，其实是一盘烩茄丁，我尝了一口，即停箸难以为继。

虽然，他们所制茄鲞，皆取自《红楼》，但忽略了茄鲞的那个鲞字。按鲞，《广韵》注鲞："干鱼腊也。"至于鲞字的由来，据《吴地记》载吴王阖闾入海逐夷人，遇风浪而粮尽，吴王向海拜祷，但见金色鱼群逼海而来，三军雀跃。但夷人一鱼无获，遂降，因名此鱼为逐夷。吴王凯归后仍思此鱼，臣属奏称，鱼已曝干。吴王取鱼干食之，其味甚美。因此以鱼置于美下，而成鲞字。不论这个传说真伪，鲞是指干腊的鱼，是没有问题的。

东南沿海人民以鲞入馔，由来已久。吴自牧《梦粱录》记载南宋临安多鲞铺，不下一二百家。所售之鲞，有郎君鲞、石首鲞、带鲞、鳗条弯鲞，名目繁多，不下数十种。临安即现在的杭州，当时不仅有鱼鲞的专卖店，并且“又有盘街叫卖，以便小街狭巷主顾”，由此可知鱼鲞在宋代临安，已是家户普遍的食品。

由于过去没有冷藏设备，渔民将打来的鲜鱼，曝干以便久藏，供随时食用，稍予调治即成佳馔。袁枚《随园食单》有糟鲞一味，“冬日用大鲤鱼腌而干之，入酒糟，置坛中，封口。夏日食之”，江浙餐馆的煎糟、川糟，即由此制成。《随园食单》另有台鲞，台鲞即河豚鲞。并谓台鲞：“用鲜肉同煨，须肉烂时放鲞；否则鲞消化不见矣。”而且台鲞“肉软而鲜肥”，可为鲞冻，袁枚说此“绍兴人法也”。

浙江绍兴、宁波一带，好鲞煨肉，以肋条切块，入锅着糖色，加高汤与酱油同煮，适当时入鲞块，加酒同煮，然不可过久，此为江浙菜馆的鲞烤肉，佐酒下饭皆宜。鲞以白鲞为佳，白鲞即黄鱼鲞，伏天取黄鱼剖晒压，坚硬色白，或由此得名。以白鲞熂鸡，味甚鲜美。熂，浙江方言蒸之意。鲞烤肉，冬日冷食，即为鲞冻肉。鲞冻肉与虾油鸡为宁波人必备的年菜，谚曰："为过年下饭，通贫富有之，男女佣工贺年，曰吃鲞冻肉去。"

鲞为干鱼，由此引申，浙人对晒干的菜脯亦称鲞，瓜脯称尺鲞。茄子称茄鲞，也有此意。现在红楼宴的茄鲞，源于坊间流行的庚辰本《红楼梦》，其制作的第一过程："凤姐儿笑道：这也不难。你把才下来的茄子，把皮劗了，只要净肉，切成碎钉子，用鸡油炸了……"不过，戚蓼生序本的《红楼梦》则是这样记载："凤姐儿笑道：这也不难。你把四五月里的新茄包儿摘下来，把皮和穰子去尽，只要净肉，切成头发细的丝儿，晒干了，拿一只肥母鸡，靠出老汤来，把这茄子丝上蒸笼蒸的鸡汤入了味，再拿出来晒干，如此九蒸九晒，必定晒脆了……"庚辰本的《红楼梦》少了这个过程，所以，后来红楼宴的茄鲞，才变成黄蜡蜡的、油汪汪的宫保鸡丁加茄子，或一碟烩茄丁，这是烹饪者不好学深思，红学家又只会读书不识吃之故。

茄子入馔

《红楼梦》的茄鲞，主要的材料是茄子。茄子在汉代由印度经丝绸之路，传入中国。晋代以后才开始普遍种植，东晋的京口，现在的江苏镇江一带，所产茄子最佳。不过，茄子产区遍及南北，茄子入馔，最早见于北魏后期贾思勰的《齐民要术》。

贾思勰曾任北魏高阳太守，他编著的《齐民要术》，是地方官吏的劝农之书，是流传至今日最完整的一部农书。中国古代的农书为了解决民食问题，也就是人民吃的问题，所以《齐民要术》的编纂形式，"起自耕农，终于酰、醢，资生之业，靡不毕书"。《齐民要术》所叙"资生之业"之过程，饮食烹饪是一个重要环节。其载有"缹茄子法"一条："用子未成者，以竹刀骨刀四破之，汤煠去腥气。细切葱白，熬油令香，香酱清、擘葱白与茄子俱下，缹令熟。下椒、姜末。"按缹，《通俗文》称："燥煮曰缹。"燥煮则少汁，若今日之焖。这是最早的烹调茄子之法。但较现代讲究，因用铁器剖茄则渝黑，故以骨刀或竹刀，且茄子经水焯后下锅，以去生腥。

隋炀帝称茄子为昆仑紫瓜，取其色并叙其所自。《清异录》则称茄子为昆味或酪苏。段成式《酉阳杂俎》谓：“茄子熟者食之厚肠胃。”黄庭坚有《谢杨履道送银茄诗》：“藜藿盘中生精神，珍蔬长蒂色胜银。朝来盐酰饱滋味，已觉瓜瓠漫轮囷。”诗叙盐酰茄子滋味。银茄即白茄。王祯《农书》谓茄子：“一种渤海茄，白色而坚实；一种番茄，白而扁，甘脆不涩，生熟可食；一种紫茄，色紫蒂长，味甘；一种水茄，形长，味甘，可以止渴。”茄子不论紫白，皆可入馔。熟焖凉拌，蒸煮炒炸，干鲜咸甜皆宜，自来就是一味家常菜。

茄子入馔，多见于明清食谱。明高濂《遵生八笺》有糟茄诀：“五茄六糟盐十七，更加河水甜如蜜。”也就是用茄子五斤、糟六斤、盐十七两，并以河水小碗拌糟，制成糟茄子，可久贮食用。元韩奕《易牙遗意》有“配盐瓜茄”。即以老瓜、嫩茄合五十斤，每斤用净盐二两半，腌一宿出水，再入紫苏、姜丝、杏仁、桂花、甘草、黄豆等，酒五斤，同拌入瓮，以泥封口。两月后取出，再加入花椒、茴香、砂仁，拌匀。“晒在日，内发热乃酥美。”《易牙遗意》另有“糖蒸茄”，将茄子焯后，沥干，用薄荷、茴香、砂糖、醋浸三宿，晒干，还卤，直至卤尽茄干，压扁收藏之。

“糖蒸茄”与“配盐瓜茄”都是将茄子干制后，长久食用。“配盐瓜茄”与《调鼎集》的“酱瓜姜茄”制法相似，腌后“放透风处，半阴半阳，不宜晒”而阴干。《调鼎集》是扬川盐商童岳荐的食单，或谓袁枚《随园食单》，亦多取材自此。《随园食单》有“茄二法”：“吴小谷广文家，将整茄子削皮，滚水泡去苦汁，猪油炙之。炙时须待泡水干后，用甜酱水干煨，甚佳。卢八太爷家，切茄作小块，不去皮，入油灼微黄，加秋油炮炒，亦佳。是二法者，俱学之而未尽其妙。惟蒸烂划开，用麻油、米醋拌，则夏间亦颇可食。或煨干作脯，置盘中。”

所谓煨干做成茄子脯，也可久贮。又《西游记》“旋皮茄子鹌鹑做”一味，后人不知其意，认为是鹌鹑烧茄子，鹌鹑烧茄子则是一味荤菜，不是神佛或僧道所宜。按《广群芳谱》有“鹌鹑茄”：拣嫩茄子切细缕，沸汤焯过，控干，用盐、酱、花椒、莳萝、茴香、甘草、杏仁、红豆研细末拌，晒干，蒸收之。用时，以滚水泡好，蘸香油煠之。其制法与戚蓼生序本《红楼梦》“九蒸九晒，必定晒脆了”，与朱彝尊《食宪鸿秘》之“蝙蝠茄”制法相近。

茄子虽然可以入馔，成为一味家常菜，但明清以来的食家，多将茄子干制后，久藏，以便随时食用。曹雪芹《红楼梦》的茄鲞，可能是在这个基础上发展形成的。

老蚌怀珠

曹雪芹写《红楼》饮食，是小说故事发展过程中，日常生活的一个缩影，随着不同季节转换。其实都是些平常的饮食，只是烹调比较细致而已。严格说这些饮食无法凑成一桌筵席。尤其《红楼》菜馔，短少海河时鲜；所以，当初北京来今雨轩复制所谓的红楼宴，不得不从《红楼》之外引进几味佳馔肴，清蒸鲥鱼与老蚌怀珠就是其中的两味。

鲥鱼是曹雪芹的祖父嗜食之物，老蚌怀珠则是曹雪芹亲自烹调，给他的至交好友敦敏、敦诚兄弟吃的。敦敏、敦诚是清宗室裔胄，兄弟皆能诗，敦敏有《懋斋诗钞》；敦诚字敬亭，有《四松堂集》二卷，《鹪鹩庵笔尘》一卷，皆逸。杨钟羲《雪桥诗话续集》云："敬亭尝为《琵琶亭传奇》一折。曹雪芹题句有云：白传诗灵应喜甚，定教蛮素鬼排场。雪芹为楝亭通政孙，平生为诗，大概如此，竟坎坷以终。敬亭挽雪芹诗有：牛鬼遗文悲李贺，鹿车荷锸葬刘伶。"楝亭，是曹雪芹祖父曹寅。曹雪芹题敦诚《琵琶亭传奇》诗，是雪芹除《红楼》外，唯一流传的两句。敦诚以李贺诗才鬼气，刘伶拼命饮酒挽曹雪芹，可谓知之甚深。

敦敏兄弟诗文集虽逸，但《八旗诗钞》录有其兄弟诗一卷，其中有敦敏的《赠曹雪芹》《访曹雪芹不值》，敦诚《寄怀曹雪芹》《佩刀质酒歌》等四首，亦以敦诚《佩刀质酒歌》更见他们兄弟与曹雪芹深厚的情义。《佩刀质酒歌》序云："秋晓，遇雪芹于槐园。风雨淋涔，朝寒袭袂，时主人未出，雪芹酒渴如狂，余因解佩刀沽酒而饮之。雪芹欢甚，作长歌以谢余，余亦作此答之。"诗写到他与曹雪芹在槐园偶遇，"秋气酿寒风雨恶，满园榆柳飞苍黄。主人未出童子睡，斝干瓮涩何可当。相逢况是淳于辈，一石差可温枯肠。身外长物亦何有，鸾刀昨夜磨秋霜"。诗写敦诚与曹雪芹在满园秋色满天风雨中相遇，曹雪芹思酒若狂，敦诚解下自己的佩刀为曹雪芹换酒喝。此情此景不仅可以入诗，也可入画，写出人间至情，曹雪芹得此知己死而无憾。

所以，曹雪芹与敦敏、敦诚的情义，非一般世俗所能理解。敦敏《瓶湖懋斋记盛》叙述曹雪芹为他们"做鱼下酒，藉饱口福也"。其制作过程："余等至复室，移桌就座，置杯箸，具肴酒，盥手剖鱼，以供芹圃烹煎……移时，叔度将汤海来，芹圃启其覆碗，以南酒少许环浇之，顿时鲜味浓溢……诚非言语所能形容万一也。鱼身鳌痕，宛似蚌壳，佐以脯笋，不复识其为鱼矣。叔度更以箸轻启鱼腹，曰：请先进此奇味，则一斛明珠，璨然在目，莹润光洁，大如桐子，疑是雀卵……后顾余曰：芹圃做鱼，与人迥异……第不知芹圃何从设想，定有妙传，愿闻其名。叔度曰：此为老蚌怀珠。非鳜鱼不能识其变……若有鲈鱼又当更胜一筹。”

此次曹雪芹所烹的“老蚌怀珠”，以鳜鱼烹制，形似河蚌，内藏明珠，以油煎烹而成。但惜没有道出内藏的明珠为何物。或谓以蛋清和绿豆粉制成的小丸子。其实是鸡头肉。鸡头肉即春天太湖滨所产的芡实，以鸡汤煨之，莹晶鲜嫩。来今雨轩所烹制的“老蚌怀珠”，用的武昌鱼，即毛泽东所谓“才饮长沙水，又食武昌鱼”的鳊鱼。鳊鱼多骨，不宜此味，鱼腹所镶用的是鹌鹑蛋，而且清蒸不是油煎，去曹公遗意甚远。

曹雪芹的“老蚌怀珠”，其制或由传统的酿炙白鱼法。见《齐民要术》，即“取好白鱼肉细琢，裹作串，炙之”。所谓“裹作串”，也就是将细琢的肉塞入鱼腹内，以铁签贯穿。明刘伯温《多能鄙事》有用鲤鱼，腹中镶肉，杖夹炙熟，似酿炙白鱼遗风。清乾隆年间，扬州一带有“荷包鱼”。用鲫鱼，以臊子为馅塞鱼腹内，形似荷包而得名。“荷包鱼”由徽州传入，是徽州盐商的故园俚味，由徽菜中的“沙地鲫鱼”演变而来。“荷包鱼”又名“鲫鱼怀胎”。与曹雪芹“老蚌怀珠”相近。但其制法却是不破腹，而从鱼背启刀，镶馅，烹煎而成。

樱桃鲥鱼

鲥鱼是曹雪芹祖父曹寅嗜食之物。曹寅《鲥鱼》诗云:“三月齑盐无次第,五湖虾菜例雷同。寻常家食随时节,多半含桃注颊红。”诗后有自注:“鲥鱼初至为头膘,次樱桃红。予向充贡使,今停罢十年矣。”

鲥鱼是江苏名产,形秀而扁,色白似银,每年春末夏初,从海内洄游江中产卵,季节性很准,所以称为鲥鱼。至于曹寅所谓的“樱桃红”,郑板桥有诗云“江南鲜笋趁鲥鱼,烂煮春风三月初”,指的就是这种樱桃鲥鱼。不过,这种樱桃鲥鱼数量不多,网捕不易,被老饕视为珍品。曹寅以雪船上贡北京。明清鲥鱼上贡,多在五月端午前。明何景明有诗云:“五月鲥鱼已至燕,荔枝卢橘未应先。”

曹寅不仅嗜食鲥鱼,特别是“樱桃红”,而且吃法也与人不同。鲥鱼的吃法宜蒸不宜煮,袁枚《随园食单》就说鲥鱼贵在个清字,保存真味,切忌放鸡汤,否则喧宾夺主,真味全失。而且鲥鱼的美味在皮鳞之交,所以清蒸鲥鱼是不去鳞的。不过,曹寅却认为鲥鱼不去鳞是乡野的吃法,其《和毛会侯席上初食鲥鱼韵》就说“乍传野市和鳞法,未敌豪家醒酒方”。所以，曹寅不仅嗜食鲥鱼，而且是位知味者，他自称饕餮之徒，撰有《居常饮馔录》。

《四库全书总目提要》“谱录类存目”云：“《居常饮馔录》一卷，国朝曹寅撰。寅，字子清，号楝亭，镶蓝旗汉军。康熙中巡视两淮盐政，加通政司衔，是编以前代所传饮膳之法汇成一编。”包括宋王灼《糖霜谱》、宋东溪遁叟《粥品》及《粉面品》、元倪瓒《泉史》、元海滨逸叟《制脯鲊法》、明王叔承《酿录》、明释智舷《茗笺》、明灌畦老叟《蔬香谱》及《制蔬品法》等，曹寅对宋元明相关的饮食资料搜罗甚丰，并将这些资料做一个总结性的汇编。又《四库全书总目提要》有曹寅《楝亭诗钞》五卷，并谓“其诗出入于白居易、苏轼之间”。不过，曹寅的诗钞中有许多饮馔的资料，菜肴如红鹅、绿头鸭、寒鸡、石首鱼、鲥鱼、鲍鱼羹、蟹胥。此外，还有蔬果如笋豆、荠菜、樱桃等，以及许多点心与茶酒的诗。曹氏家族自曹玺开始，在江南兴盛一个多甲子，曹寅前后担任三年的苏州织造，二十一年的江宁织造，而且自认为是老饕，他虽然没有留下部类似食谱的专著，但这些诗就是饮食经验的记录。

朱彝尊《曝书亭集》卷二十一，称赞曹寅家的雪花饼，有“粉量云母细，糁和雪糕匀”之句，虽然雪花饼是明清之际江南流行的点心，亦见于韩奕《易牙遗意》，但皆不如曹家的细致。朱彝尊，号竹垞，浙江秀水人。康熙十八年举博学鸿词，授翰林院检讨，长于词，是清初大家，并专研经学，著有《经籍考》，与曹寅友好，其文集《曝书亭集》，即由曹寅刊刻。朱彝尊另有食谱《食宪鸿秘》二卷。《食宪鸿秘》分为饮、饭、粉、粥、饵、馅料、酱、蔬、果、鱼、蟹、禽、卵、肉、香等类，内容非常丰富。朱彝尊与曹既然友好，称赞曹家的雪花饼，其《食宪鸿秘》复有雪花饼的制作方法，方法即传自曹家。《食宪鸿秘》载有菜肴或面点的烹调或制作方法四百余种，其中或有若干是出自曹府。同样地，朱彝尊是浙江人，所以《食宪鸿秘》中有很多火腿与笋的制作方法，对于火腿与竹笋的烹饪方法，可能直接影响曹府，间接反映在《红楼》的饮食之中。

食谱之作，儒、道二家各有分教，分别见于目录学的农家或方技家。明清以后，食谱多出于文人之手，因而食谱之作转而与书画笔砚同著录于“谱录类”，被视为艺术的一种，《四库全书总目提要》即作如此的分类。自此饮食已跃出儒、道二家的维生及养生的范畴，独立成类，这是中国饮食文化重大的转变。曹雪芹与其祖父曹寅都处在这个潮流转变中，曹寅的《居常饮馔录》，曹雪芹的《斯园膏脂摘录》及《废艺斋集稿》的饮食之作，表现了这种转变的趋势。曹雪芹的两书虽逸，但其制作的“老蚌怀珠”，却为这个时代的文人食谱，以及其对饮馔制作的形式，留下一个很好的注脚。

南酒与烧鸭

裕瑞《枣窗闲笔》描叙曹雪芹“其人身胖，头广而色黑”，但“善谈吐，风雅游戏，触境生春”，是一支好笔。不过，说曹雪芹尝作戏语云：“若有人欲快睹我书不难，惟日以南酒烧鸭享我，我即为之作书。”

曹雪芹所作之书是《红楼梦》。至于南酒，是流行江南以稻米酿成的黄酒，如金华酒或百花酒，等等，金华即今之绍兴。与北方以稷粮蒸馏的白酒不同，白酒性辛烈，南酒性醇和，明清之际市井间多喜南酒，常与烧鸭并举。《金瓶梅》三十四回有“一坛金华酒与两只烧鸭子”。烧鸭即金陵片皮鸭，最初民间用的是炙法，使用叉烧烤制而成，后经明初宫廷御厨房改良焖炉烤法，然后随迁都传到北京，流行民间。其后清宫以烤小猪的挂炉烤法烧烤。仍循其旧，这两种烧鸭的方法，皆流传民间，北京老店便宜坊用的是金陵焖炉烤法，全聚德则用的是挂炉烤法。烧鸭与南酒都是南味，也是曹雪芹嗜食之物。

曹雪芹烹调“老蚌怀珠”时，告诉大家这是一道南味。曹雪芹说：“我谓江南好，恐难尽信。余岂善烹调者，亦只略窥他人些许门径，君即赞不绝口，他日若有江南之行，遍尝名馔，则今日之鱼，何啻小巫见大巫矣。”曹雪芹生于曹寅往生之年，雍正五年抄家之时，已经十三岁，北上后对少年时江南的金液玉食常魂牵梦萦。所以，敦敏《赠曹雪芹》诗，就说曹雪芹“燕市狂歌悲遇合，秦淮残梦忆繁华”，敦诚《寄怀曹雪芹》诗也说“扬州旧梦久已觉，且着临邛犊鼻裈”，所以曹雪芹将许多过去的怀念，寄托于饮馔，反映在《红楼梦》的日常生活之中。当年来今雨轩复制《红楼梦》菜肴的红楼宴，计有：

一、菜肴：油炸排骨、火腿炖肘子、腌胭脂鹅脯、笼蒸螃蟹、糟鹅掌、糟鹌鹑、炸鹌鹑、银耳鸽蛋、鸡髓笋、面筋豆腐、茄鲞、五香大头菜、老蚌怀珠、清蒸鲥鱼、芹芽鸠肉脍。

二、汤：酸笋鸡皮汤、虾丸鸡皮汤、火腿白菜汤。

三、甜品：建莲红枣汤。

这些菜肴都是当时江南的名肴，或售于酒楼茶肆，或存于名家的食谱，其来历与演变，皆有迹可循，有些至今仍流行于淮扬菜系中。所以曹雪芹《红楼梦》中的南味，并非杜撰，而皆有所自来。其所谓的南味，以淮扬菜系为主，并且包括了苏州、金陵的江南风味。

不仅《红楼梦》的菜肴是江南风味，其主食也以南食为主。所谓南食就是米食。徐珂《清稗类钞·饮食类》云：

“南人之饭，主要品为米，盖炊熟而颗粒完整者，次要则为成糜之粥。北人之饭，主要品为麦，屑之为馍，次要则为成条之面。”即所谓的粒食或粉食。《红楼梦》第五十三回，记载黑山村庄主乌进孝过年向贾府禀呈的礼单中，有“胭脂米两石，碧糯五十斛，白糯五十斛，粉粳五十斛，杂色粱谷各五十斛，下用常米一千担”，却没有麦也没有面粉。《红楼梦》写的主食计二十三种，其中有米饭十二种，粥七种，另有粱豆各一种。至于面食，只有六十二回，众人为宝玉祝寿，提到的银丝挂面及面条子，此外七十一回写尤氏吃的饽饽，所以《红楼梦》里日常生活与宴饮所吃的主食，以饭或粥为主。

当然，这是很容易理解的。曹雪芹的曾祖曹玺，康熙二年出任江宁织造，后来到他祖父曹寅，曹氏家族前后在江南生活了一个多甲子，曹雪芹诞生在金陵，童年及少年在那里度过，迁归北京后，虽然往日的繁华已如烟似梦，但他一直怀念着江南的旧家，所谓“秦淮残梦忆繁华”，在他“醉余奋扫如椽笔”写《红楼梦》时，不自觉地就将这些南味写进去。曹雪芹写《红楼梦》之初，留下“满纸荒唐言，一把辛酸泪。都云作者痴，谁解其中味”的谜题，那么谜底呢？

味分南北

曹雪芹欢喜江南饮食，将少年时的饮食记忆，有意或无意写入《红楼梦》的日常生活之中，为后人留下一个“谁解其中味”的谜题。

味分南北，古来有之。当年韩愈贬官潮州，途抵广州，初尝岭南生猛海鲜，印象深刻，写成《初南食贻元十八协律》一首。元十八即元集虚，隐居庐山，韩愈的河南同乡。这次韩愈南来，路经庐山，与元十八相聚，临行，写成《赠别元十八协律》六首。其中有“不意流窜路，旬日同食眠”之句，二人相处甚得。所以，韩愈将初尝南食的新奇经验，“聊歌以记之”，寄赠元十八。《初南食贻元十八协律》诗云：“鲎实如惠文，骨眼相负行。蚝相黏为山，百十各自生。蒲鱼尾如蛇，口眼不相营。蛤即是虾蟆，同实浪异名。章举马甲柱，斗以怪自呈。其余数十种，莫不可叹惊。我来御魑魅，自宜味南烹。调以咸与酸，芼以椒与橙。腥臊始发越，咀吞面汗骍。”

韩愈初尝南味，先后吃了鲎、蚝、蒲鱼、石蛙、章鱼、带子，及其他几十种“莫不可叹惊”的海鲜。他说既南来蛮荒地，就该享受南方独特的异味。以酸咸的汁配以花椒与橙合成的酱，以去腥臊，活剥生吞，吃得面红耳赤，满脸是汗。韩愈初尝“南食”，显然不是愉快的经验，远不如后来的苏东坡，谪贬儋耳，现在的海南，大嚼野味潇洒。苏东坡在海南岛，苦无肉可食，写诗寄其弟苏辙：“五日一见花猪肉，十日一遇黄鸡粥。土人顿顿食薯芋，荐以熏鼠烧蝙蝠。旧闻蜜唧尝呕吐，稍近虾蟆缘习俗。”诗后有注：“儋耳至难得肉食。”不得不迁就当地习俗，吃些野味，怡然自得。于是，苏东坡超越南北味的边际，诗作更上层楼，有了陶渊明的韵味。

常言道“靠山吃山，靠水吃水”，不同的地理环境与气候，提供不同的饮食资料，形成不同的饮食习惯与文化。就活动在长城之内的汉民族而言，以秦岭至淮河流域为界，黄河与长江流域的农业生产环境不同，南稻北粟的主食文化早已形成。战国以后麦的普遍生产与磨的改良，粒食与粉食的主食文化逐渐固定，至今仍未改变。不同的主食配以不同的副食，而有南味北味之别，徐珂《清稗类钞》云“食品之有专嗜者，食性不同，由于习尚也。兹举其尤，则北人嗜葱蒜，滇、黔、湘、蜀人嗜辛辣品，粤人嗜淡食，苏人嗜糖”，口味各有不同。因此，在南北主食文化区之中，又有华北、西南、东南、华南饮食文化圈的存在。这些不同的饮食文化圈，就是日后菜系形成的张本。

饮食习惯形成之后，基本的口味改变甚难。晋武帝平吴之后，陆机兄弟由江南入洛阳，不仅有山河之异，更有口味的不同。《晋书·陆机传》云："至太康末，与弟云俱入洛……尝诣侍中王济。济指羊酪谓机曰：卿吴中何以敌此？答云：千里莼羹，未下盐豉。"陆机以江南的莼羹来比北方的奶酪。又《世说新语·识鉴》说张翰入洛，"辟齐王东曹掾。在洛见秋风起，因思吴中菰菜羹、鲈鱼脍。曰：人生贵得适意尔，何能羁宦数千里以要名爵！遂命驾便归。"张翰在洛阳因秋风起，思念故乡的南味，遂弃官还乡，非常潇洒。

两宋时代中国饮食文化的发展，进入另一个新的阶段。孟元老《东京梦华录》所载，北宋末年，东京汴梁的饮食业非常发达，除大的酒楼外，还有食店、酒店、面店、饼店、肉食店，并且也有沿街叫卖的饮食担子。在这些饮食行业中，而有南食与川食的饮食店，这些南食与川食，最初为了南方入京者不习惯北方口味而设，后来竟成东京的时尚，此风宋室南渡临安二百年仍未改变。吴自牧《梦粱录·面食店》云："向者汴京开南食面店，川饭分茶，以备江南往来士夫，谓其不便北食故耳。南渡以来，几二百余年，则水土既惯，饮食混淆，无南北之分矣。"饮食习惯，积习难改，由此也可以了解曹雪芹在《红楼梦》中坚持南食的心境了。

二分明月旧扬州

李斗《扬州画舫录·虹桥录》载卢见曾，字抱孙，号雅雨山人，山东德州人。乾隆时官至两淮转运使，筑苏亭于使署，“日与诗人相酬咏，一时文宴盛于江南”。卢见曾曾修禊虹桥，作律诗四首，和诗者七千余人，其诗有“绿油春水木兰舟，步步亭台邀逗留，十里画图新阆苑，二分明月旧扬州”。

“二分明月旧扬州”，缘于唐徐凝的“天下三分明月夜，二分无赖是扬州”。《尚书·禹贡》云“淮海惟扬州”，淮是淮水，海指东海，惟虽是虚字，古惟、维相通，其后诗人咏扬州，多称维扬。杜甫《奉寄章十侍御》云：“淮海维扬一俊人，金章紫绶照青春。”刘希夷《江南曲》：“潮平见楚甸，天际望维扬。”由此维扬成为扬州的别称，明初于此置维扬府，所谓淮扬名馔，维扬美点，即出于此。所以淮扬菜又称维扬菜。

扬州临江近海，隋唐运河穿城而过，地近运河入江口处，与淮南各地水陆相连，自来是茶、盐的集散地。对外交通海陆相接，珠宝、药材、香料经此转运。所以，工商行旅云集，人文荟萃，市容繁华闹热，甚于长安。唐代诗人常咏赞扬州的“十里长街”，张祜《纵游淮南》：“十里长街市井连，月明桥上看神仙。”杜牧《赠别二首》：“春风十里扬州路，卷上珠帘总不如。”又：“街垂千步柳，霞映两重城。”于邺《扬州梦记》描述扬州市容：“扬州胜地也……九里三十步街中，珠翠填咽，邈若仙境。”入夜之后，全城灯火辉煌，笙歌通宵达旦，陈羽《广陵秋夜对月即事》：“霜落寒空月上楼，月中歌吹满扬州。”王建《夜看扬州市》：“夜市千灯照碧云，高楼红袖客纷纷。如今不似时平日，犹自笙歌彻晓闻。”李绅《宿扬州》：“夜桥灯火连星汉，水郭帆樯近斗牛。今日市朝风俗变，不须开口问迷楼。”这样繁华的城市，诗人也想“腰缠十万贯，骑鹤上扬州”了。

扬州是个繁华的城市，也是个飘逸着诗意的城市。李白、杜甫、白居易、王昌龄、杜牧、李商隐都留下咏唱扬州的诗篇。后来欧阳修、苏轼曾任扬州太守、知州，从平山堂览望扬州，也写下不少脍炙人口的诗。有诗就有酒，诗酒风流，最后总是离不了吃。帝王巡幸扬州，更是“恒舞酣歌”“宴会嬉游”，尽尝东南美味。扬州所在的江淮地区，湖泊星罗棋布，自汉唐以来，就是著名的鱼米之乡，“水落鱼虾常满市，湖多莲芡不论钱”。于是，扬州水产野味，成为宫廷内膳供应的佳品。隋代扬州上贡，食品有鱼鲚、糖蟹、蜜姜，还有葵花大斩肉，即蟹粉狮子头。隋炀帝幸扬州，喜食以松江四腮鲈鱼制成的金齑鲈脍，认为是东南佳味。后来鲈鱼制成干脍，以冰船上贡长安，成为隋唐士人嗜食之物。皮日休“唯有故人怜未替，欲封干鲙寄终南”，说的就是这种鲈鱼脍。

唐代扬州的繁荣，后经唐末战乱破坏，至北宋尚未复原。到了南宋，江淮又成宋金争夺之地，后来扬州被金主完颜亮占领，经过十六年的破坏，已是满目疮痍。姜夔过扬州，写下一阕《扬州慢》，其序描述扬州：“予过维扬，夜雪初霁，荠麦弥望。入其城，则四顾萧条。”词中云：“自胡马窥江去后，废池乔木，犹厌言兵……二十四桥仍在，波心荡，冷月无声。念桥边红药，年年知为谁生？”

明清以后，设两淮盐转运使于扬州。《两淮盐法志》载：“盐课居赋税之半，两淮盐课又居天下之半。”江浙、皖、赣的富商来扬州经营盐业。《淮安府志》说“四方豪商大贾，鳞集麇至”，扬州盐商富甲天下。“衣物屋宇，穷极华奢，饮食器具，各求工巧，宴会嬉游，殆无虚日。”盐商不仅促使扬州经济繁荣，文化兴盛，同时也将扬州的饮食提升到一个新境界。

扬州盛于清康熙、乾隆之际，尤其是乾隆的五六十年间，是全盛时期。这个时候出现了一本记载扬州风貌的书，就是李斗的《扬州画舫录》。李斗花了三十多年辑成此书，刊于乾隆六十年。李斗说他的《扬州画舫录》“上之贤士大夫流风余韵，下之琐细猥亵之事，诙谐俚俗之谈，皆登而记之”。在琐细俚俗之事中，饮食是一个重要的部分，包括市场、茶肆、酒楼、食店、食担、家庖、船菜、满汉全席、文会，以及著名的菜肴、面点、茶、酒等皆有记载，透过这些丰富的资料，可以探索维扬菜系的旧时路。

富春园里菜根香

那年冬季，再去江南，怀着满襟的朔风，下了扬州。扬州是初探，但时间仓促，去来仅一天。所以，看罢平山堂欧阳永叔的饮酒吟诗处，就顺路下山去瘦西湖。瘦西湖的湖水静穆含烟，凝住两岸枯柳万千条。然后又到梅岭，吊史可法的忠魂，梅岭的蜡梅绽放，满枝黄色的花蕊，颤颤在初露的冬阳里，另是一番风骨。最后赶去富春茶社。

游扬州必去富春茶社。所谓“琼花芍药红梅春，湖瘦山平皓月光。游罢兴余思去处，富春园里菜根香”，菜根香是正宗的维扬菜馆，在距富春茶社不远的街上。不过，菜根香的“金镶银”的蛋炒饭，名闻遐迩，是当年杨素随隋炀帝幸扬州，所嗜食的碎金饭遗风，惜没有时间一尝。富春茶社由陈步云初创于辛亥后不久，快九十年的老店了。最初原为赏花的花局，供文人雅士吟唱聚谈之所，后来赏游者日多，渐渐发展成食肆，供应维扬美点。

扬州茶坊之兴，来自苏州。《扬州竹枝词》云：“问他家本是苏州，开过茶坊又酒楼。手种奇花供客赏，三春一直到二秋。”苏州的茶坊是供四方游手好闲辈聚谈，商贾晨起聚会交换商业信息之所，称为茶会。扬州兴盛后，许多苏州工艺匠人前往谋生，将茶坊开到扬州，最初士大夫不屑一顾，其后盐商巨贾涉足其间，渐为人接受。于是茶坊起于街衢巷陌，遍处皆是，所谓“扬州茶坊之盛，甲于天下”，形成扬州人“早晨皮包水，下午水包皮”的生活，也就是早晨去茶坊喝茶，下午到澡堂泡澡。

富春茶社是目下在扬州最老最著名的茶坊。上楼坐定，点了肴肉、淮鱼干丝、三丁包子、翡翠烧卖、春卷、汤包、雪笋包子、千层油糕，还有一碗鱼汤面，都是维扬名点，最著名的就是三丁包子。三丁包子由来已久，当年乾隆下江南，驻跸扬州。不过，他认为做包子有五要件：“滋养而不过补，美味而不过鲜，油香而不过腻，松脆而不过硬，细嫩而不过软。”扬州师傅尊上谕，以海参、鸡肉、猪肉、笋、虾仁切丁和馅，做成五丁包子。三丁包子即承其余绪，以鸡肉、五花肉、鲜笋切丁，鸡丁较肉丁、笋丁大，再以鸡汤煨后调馅制成。包出来的包子“荸荠鼓形鲫鱼嘴，三十二纹折味道鲜”，全凭手上功夫。

包子的成败全在面粉的发酵。袁枚《随园食单》云：“扬州发酵最佳，手捺之不盈半寸，放松仍隆然而高。”维扬美点就以此为基础制成。翡翠烧卖其馅以青菜剁成泥状，用熟油调馅，皮薄似纸，蒸后透翡翠绿色，故名。烧卖上撒以火腿末，红绿分明，非常好看，其出处则由糯米烧卖转化而来。千层油糕则由清代扬州“其白如雪，揭之千层”的千层馒头而来。千层油糕将面皮擀成十六层，层置油丁，糕面撒青红丝，蒸后半透明，呈芙蓉色。翡翠烧卖与千层油糕，是富春茶社的双绝。

至于汤包，现在一般称汤包为苏式汤包，但汤包在苏州则称徽式汤包。《扬州画舫录·虹桥录》下载“乾隆初年，徽人于河下街卖松毛包子，名徽包店”，徽州环山，山多马尾松，蒸包子的笼以松针垫底，既有松香味，又不黏底，故名松毛包子。明清以后徽商遍天下，扬州盐商多徽商，徽商乡里之味的徽菜，也随着进入扬州，对淮扬菜影响甚大，松毛包子即为一例。现今台北小笼包仍以松针垫底者，仅吕氏夫妇经营的郁芳小馆。郁芳小馆治淮扬菜肴与面点。

扬州富春茶社的汤包，馅鲜、汤满。惜我去时河不出蟹，无法吃到蟹粉汤包。汤包不仅扬州、镇江、泰州、淮安等淮扬菜系所在皆是佳品，作家王辛笛咏其故乡淮安的汤包云“冻肉凝脂拌蟹黄，薄皮敞开一包汤。蒸笼抓取防伤手，齿舌从容着意尝”，颇为传神。

我住长江头

台北的维扬菜，以银翼为首，但银翼却以川扬风味为号召。川是四川，扬是扬州，二者一在长江头，一在长江尾，而且四川味好辛辣，维扬菜尚鲜甜，二者并举，甚不搭调。好有一比："我住长江头，君住长江尾，日日思君不见君，共饮长江水。"

川扬并列，究其原因，缘于上海的海派菜。所谓海派，鸦片战争后上海开为商埠，五方来会，华洋杂处，纸醉金迷的十里洋场，迅速发展成现代化的都会。为了突现其文化特色与北京不同，海派斯兴。海派的特色是兼容与创新，但稍嫌浮夸。于是戏有海派京戏，菜有海派菜色。虽然沪菜以甬、杭、苏、锡菜为骨架构成，但各地菜色也向上海辐辏。二十年代流行一段弹词，名为《洋场食谱开篇》，将当时上海著名的菜馆酒楼的特色，以韵语道出，开始唱道："万国通商上海城，洋场店铺密如林。苏杭胜地从来说，比较苏杭更胜几分。市肆繁华矜富丽，中西食品尽知名。"所谓"中西食品尽知名"，已道出上海的海派菜逐渐形成。

最初进入上海的外地菜是徽菜，可追溯到鸦片战争以前。徽商善经营，此时已察觉中国未来经济的动向，资金由扬州向上海转移，垄断了上海的典当业，准备向其他新兴行业过渡。这是中国近代社会经济重大的变动，也是中国近代饮食文化重大的转变。前此，漕运或盐商聚集之所，必有佳馔。此后，通商口岸，洋商所处之地，促成菜系的形成。徽菜来沪，前后著名的菜馆有八仙楼、胜乐春、华庆园、鼎新楼、大中华等。抗战前上海的徽菜有五百多家，通衢皆是，其著名的菜色有炒鳝背、炒划水、走油拆炖，尤其是馄饨鸭与大血汤被沪菜吸收，成为上海的名馔。徽式面点也为沪人所喜。不过，上海的徽菜并非来自皖南徽商故乡，与上海的徽商一样，由扬州过渡而来。淮扬菜因盐商已受徽菜的感染，同时扬州的徽菜也有淮扬菜的风味。

不过，川菜和淮扬菜最初在上海，各行其是。淮扬菜在光绪初年到上海，当时最著名的扬州菜馆有新新楼与复兴园，二十世纪初则有大吉春与半醉居。半醉居榆柳夹道，环境雅洁，沪上词人墨客多咏唱其间。三十年代后则以老半斋最著名。老半斋来自镇江，其肴肉清炝用的是镇江香醋。四十年代初，扬州名厨莫有庚来上海，主厨于中国银行，后与其兄弟有财、有源组莫有财厨房，是现在著名的扬州饭店的前身。淮扬佳肴在上海有醋熘鲫鱼、清蒸刀鱼、红烧狮子头、煮面筋、清腰片、鱼面、玫瑰猪肉馒头等，莫有庚所创的松仁鱼米，也脍炙人口。淮扬菜在上海或新创，或承旧统，皆能保持故有风味。

川味于清末出现上海，始于英租界四马路（现福州路）一带，有川人经营的川味小馆，颇受欢迎。国民军北阀，军中有不少川人，于是川味随国民革命军进入上海，三十年代著名的川菜馆有都益处、大雅楼、共乐春、陶乐春等，其菜肴有米粉肉、奶油广肚、蹄筋腊肉、锅烧羊肉、菊花锅、红烧大杂烩等。不过川味到上海后，为适应在地人口味，去其辛辣，已非其乡里正宗。尤其胜利后，接收大员携眷顺流而下，复员上海，因抗战局居山城，一旦离去，颇似陆游离蜀以后，“东来坐阅七寒暑，未尝举箸忘吾蜀”，对川味念念不忘。于是，海派的川菜兴焉。海派川菜附淮扬菜行于沪上，而有绿杨春与梅龙镇等酒家出现。绿杨春取名自王渔洋诗句“绿杨城郭是扬州”，梅龙镇则采自京剧《梅龙镇》，除保持淮扬菜肴的特色，并增供川菜，有鱼香肉丝、干煸牛肉丝、樟茶鸭、陈皮牛肉，等等。其后锦江饭店也是川扬合流，我曾在锦江饭店吃过一味干煸牛肉丝，麻而不辣，微甜，其味绝佳，又多点了一盘。海派川菜与淮扬菜合流后，因而出现了“川扬”的招牌。

台北银翼的川扬，非来自上海。银翼原是抗战时昆明空军的福利餐厅，并供应陈纳德飞虎队的饮食，后复员杭州笕桥，撤退来台后，独立而出。初张于台北火车站旁，室内装潢仍是空军蓝色，又名为银翼，以示不忘本。不过，现在几经迁移，已多不知其源流了。

按：此篇言海派菜意犹未尽，故更撰《海派菜与海派文化》续论之。

也论牛肉面

焦桐在《联副》上，发表了一篇《论牛肉面》，是篇谈吃的好文章。谈吃的文章不易写，若梁实秋的《雅舍》、周作人的《知堂》、汪曾祺的《五味》以及陆文夫的《美食家》，既谈吃且有情趣而不俗。谈吃没有情趣，若牛啃草，疗饥而已。

我也好牛肉面，但仅止于好。所谓好，只要对味就好，不像焦桐独沽一味，竟至酷爱的程度，却品出其中之味。多年前，《世界日报》在美创刊，刘长官（洁）嘱我写稿一篇，我写了一篇《牛肉面及其他》，在纽约与台北同步刊出。这篇文章颇脍炙人口，论谈者颇多，且有后话。

文章发表的当晚，就接到信义路“牛肉面大王”寄来的请帖，请我吃面，务必赏光。因为在文章里批评这家牛肉面店服务态度，伙计与老板都非常傲慢，我的朋友曾在那里掀过桌子。于是我约了刘长官，因为文章是他约的。心想宴无好宴，所以带了一个黑带三段的学生，届时前往。但我并不认识老板，我介绍餐馆，有一个原则，一定和餐厅老板互不相识。因为吃人家的嘴软，以免有广告之嫌。我们在楼上点了几样小菜和面，浅酌起来，却没有通知老板。饭罢付账，并留一张名片，意说我已经来过了。服务生接过名片匆匆下楼，接着老板堆着满脸笑容，上得楼来，他说他刚接手，原来的王老板移民了。他顶下这个铺子，过去一切请多包涵，并且说希望以后常来吃，记他的账。我也笑着回答："面味道不错，只要将汤里整粒的花椒大茴挑拣出来，就好了。"

还有一谈的是当时开在杭州南路仁爱路口，招牌写着"独一无二"的"老张担担面"，我在《牛肉面与其他》写老张担担面："的确有它独特的地方，选的牛肉是上等的，绝无牛腩，汤醇厚而不腻，佐以泡菜与一小笼肥肠食之，其味绝佳。我欣赏的倒不是这个，而是不论这些年来转变多大，老张担担面一直保持着原来的模样。一样的牛肉，一样的店面，一定的开堂时间。在四周高楼连云起里，走进这家店除了吃面，还能使人发些微思古的幽情。"

文章发表以后不久，我再去老张担担面来一碗红烧，发现汤味已不似以往，付账后留下一张名片，并写了几个字。过去和现在我都不习惯用名片，印名片为了上饭店用的。当年"逯耀东"三个字，在饭馆还有点名头，不似今日后生拿了名片说这个"逯"字没见过，怎么读法。当晚就接到老张担担面老板的电话，他说他准备不做了，都是我惹的。平时他一天卖七十斤的牛肉，从我的文章后，一天卖一百三十斤牛肉的牛肉面，实在累得受不了。我安慰他说保持原来的味道就好。但我们始终没见过面。

后来那老板的确不做了，将招牌顶给别人，又因为原地改建，迁到旁边巷子里去了。我曾去吃过一次，真的已非旧时味了。去时正是晚饭上座时分，但座上只有愚夫妇二人，不似当年火红了。几年前，路对面开了一家老张川味牛肉面，依稀当年口味，但不知是不是原来的老张担担面再开张。不过，此店仍售猪肝面过桥，当年仅此一家。靠墙的桌子坐着一老者，背后衬着个泡菜大玻璃罐子，罐里白色泡菜间浮着几支鲜红的辣椒，老者神情木拙而落寞，在座上的喧哗声中，倍觉凄清。当炉的是些中年妇人，也许薪火相传到第二代了。

这篇《牛肉面与其他》，引起不少读者的关注，来信告知他们认为好吃的牛肉面。当时牛肉面遍街皆是，顺手拈来，难免有遗珠之憾。不过，其中永康街三角公园旁的一家牛肉面摊，倒值得一提。我按图前往，摆摊的是一个五十多岁的汉子。我称他是条汉子，因为他颇有性格，台风下雨，身体心情不爽都不开市，摊旁树干上贴出张条子说明缘由。我去了几次终于吃了一碗，汤里似稍加一点芝麻酱，比较香稠，的确与众不同。

摆摊的老板也许是军中退役，才有这种豪爽却别扭的性格。我在凤山步校受预官训时，凤山桥头有一家牛肉面店，铺子用竹子搭成，非常简陋，老板五六十岁，消瘦的脸上没有表情，嘴上老叼着一支香烟，一口川音，是军中退役的士官。灶上店中只他一人打理，专售牛肉与蹄花面。店里仅竹板桌三张，木凳八九个。永远客满，门外还有许多军官等候。一次我正在店中低头吃面，忽然听到老板大声说："不吃，出去，啰唆!"我抬头一看，一位三颗梅花军官正无奈地起身，嘴里还讷讷地说："我要的红烧，不是蹄花。"他还没有走出门，站在门外的一位中校已挤进来，喊着："蹄花，我要。"小店没有招牌，后来我对人称其为"司令官牛肉面店"。

再论牛肉面

当年在台湾吃牛肉并不普遍，但牛肉面在此兴起，并且流行，是个异数。牛肉面在此兴行，和过去半个世纪社会经济的发展、文化的变迁与族群融合都有关系。的确值得一论而再论。

先民初迁居台湾，拓垦田野，牛是主要的劳动力，不仅对牛宠顾，更不忍食其肉。所以，牛肉丸随客人传来台湾，改以猪肉制作，而成今日的新竹贡丸。一般家庭是不吃牛肉的，想吃牛肉只得到外面去，市场有卖牛杂的摊子，以大锅煮牛杂，香腻无比。并将新鲜的牛肚、牛心或牛肉在牛杂锅里氽烫，其名曰切，尤其切毛肚，更是鲜嫩无比，如北京的水爆肚。不过，这种大锅煮的牛杂，现在已经无处可觅了。我曾去潮州与中坜探访，都不是那种烹调法。过去南昌街还有一家大锅煮牛杂，现在也改成中坜式了。至于切牛杂台南还有一家，但不是原锅原汁切烫，原味全失。

面条是面粉的加工品，台湾吃的多是以米磨粉，制成米粉与粿条。至于面粉制的面条，即是大面又称油面，虽有来自福州的意面却不普遍。油面的烹调方法很简单，一是以葱在油锅爆香后下肉丝同炒，但肉丝切得粗如手指，然后加汤入面共煮，其面汤葱油香与面中碱味并现，不下上海城隍庙的葱油煨面。过去街旁露店都会煮，但现在变味了。另一种是切仔面，则更简单，将面在汤锅烫后，加绿豆芽和韭菜数条，两片瘦肉即可。现在面摊买的阳春面，粗细皆有，则来自上海，江南称加葱花的光面为阳春，即阳春白雪之意，其名甚雅。如今街头有傻瓜面，则缘于福州的干拌面，配福州鱼丸汤而食，起于小南门榕树下的面摊，价廉物美，因为我的女朋友在附近医院工作，当时常去吃。

但将牛肉与面条合成的牛肉面，创于台湾。牛肉面冠以川味，但四川却不兴此面。那年西北壮游归来，在成都歇脚，风尘未扫，就出得旅店，包了辆计程车，去寻觅地道的川味牛肉面。穿街过巷两个小时，竟无所获。最后吃了两盘夫妻肺片与一碗钟水饺，拎了一斤郫县豆瓣酱回来，虽然价钱甚廉，但车资不赀。

郫县豆瓣酱是调制川味必备之物，红烧牛肉面不在川味小吃之列，川味小吃中有小碗红汤牛肉一种。其制法将大块牛肉入沸水锅汆去血水后，入旺火锅中煮沸，再用文火煮至将熟，捞起改刀，然后将郫县豆瓣剁茸，入油锅煸酥去其渣成红油，以清溪花椒与八角等捆成香料包，与葱姜入牛肉汤锅中，微火慢熬而成，其汤色泽红亮，麻辣滚烫，浓郁鲜香。台湾的川味牛肉面或缘此而来，和红汤牛肉与面而成，即为川味牛肉面。只是台湾的川味牛肉面内加西红柿，当年大同川菜的牛尾汤，红艳诱人，即如此做法。

当时台北的川味牛肉面，除了街边巷内的牛肉面摊外，设有门面的不多，只有杭州南路的老张担担面、上海路（现林森南路）唐矮子担担面、松江路的小而大等。不过，川味牛肉面虽在台北流行，最初可能出自冈山的空军眷区。一九四九年大陆来台的军人眷属，惊魂甫定，举目四顾而有山川之异，青春结伴还乡之期渐渺。台湾四季如春，虽无秋风，但仍兴莼鲈之思，想念故园的乡俚风味，于是大陆各地的风味纷纷杂陈。大陆各地的小吃在台湾出现，一来是为了疗治乡愁，二来是维持生计。尤其当时军人待遇偏低，军眷集居的眷区之外，多有各地不同风味的小吃出售，以此贴补家计，于是军眷区成为地方风味小吃的发祥地。冈山空军眷属多来自成都，所以，冈山辣豆瓣酱在此出产。最初的冈山豆瓣酱，以蚕豆瓣和辣椒制成，有几分似郫县的豆瓣酱。台湾的川菜兴起后，多用冈山豆瓣酱烹调。不过，现在的冈山豆瓣酱已在地化，偏甜已不堪治川味了。冈山既有豆瓣酱，且多四川同乡聚集，就地取材，制成红汤牛肉加面的川味牛肉面，也是很可能的。

不过，川味牛肉面初兴之时，我正在台北读书，因为牛肉来源不易，就当时价钱而论，并不算便宜。台大门前就有两摊，只要袋中有余钱，打牙祭时才吃一碗。一次我们同学打赌，一位同学一口气写出一百个外国电影明星的名字，且是英文的，我们输给他四碗红烧牛肉面。不过，那四碗牛肉面他也是一口气吃完的。

还论牛肉面

当年和川味牛肉面同在台北流行的，还有清真牛肉面。清真牛肉面是清汤的，和烧饼、豆浆、馒头一样，多由山东老乡经营。清真牛肉面摊子上支着一口铝制的大锅，锅上架着个铁箅子，铁箅子上摆着几大块刚出锅的牛肉，现吃现切。清真牛肉都是当天现宰的黄牛肉。锅里的牛肉汤微滚，汤里的黄油向四下扩散。在微滚的汤中浸着已煮熟的牛肉，还沉浮几个硬火烧。

清真牛肉面摊前有一条长凳子，顾客坐在凳子上，指着箅子上的牛肉挑肥拣瘦。老板一面切着牛肉，一面和顾客有一句没一句地话着家常。尤其在冬天寒冷的晚上，锅里飘散一团蒙蒙的雾气和肉味，满座尽是乡音，此情此景，真的是错把他乡当故乡了。清真牛肉面集中在怀宁街和博爱路一带的廊下。后来清理这一带的交通，这些清真牛肉面的摊子就星散了。现在还剩下搬到延平南路的两家，但牛肉不是现切，汤口也不如从前了。

清真牛肉面没落以后，剩下的只有川味牛肉面一枝独秀。川味牛肉面鼎盛时期，巷口和街边的违建都有川味牛肉面。一条桃源街虽然不长，比邻而张竟有十几家牛肉面大王。台湾这个地方别的不多，就是大王多，各行各业都有自封的大王。于是在喧嚣的市尘中，竟出现了个“桃花源”，成为北市一个观光的景点。因此，川味牛肉面变成桃源街牛肉面。后来桃源街牛肉面衰退后，各处出现了桃源街牛肉面为名的字号，一如永和豆浆散布各地，甚至扩张到海外。

不仅在台北市，各地城乡市镇都可以看见川味牛肉面的市招。这种现象说明了一个事实，就是吃牛肉面的人口普遍增加。吃牛肉面不再是为疗治外地人的乡心，而且还包括众多的在地人。这是一个重要的转变，已突破过去在地人不吃牛肉的禁忌。这是台湾过去几十年饮食文化发展一个重要的突破，为后来快餐文化的麦当劳登陆台湾作了奠基的准备工作，如果没有川味牛肉面的先行，台湾就没有那么多吃牛肉的人口，谁愿意吃那种半生不熟、腥气又重的面包夹牛肉饼。

川味牛肉面由乡土小吃变成大众食品，不是没有原因的。因为方便快捷而味道还不错。不论面摊或专卖牛肉面的店家，只需备特大号的铝锅一只，炖妥的牛肉盛于锅内，面下妥后浇上一勺即可。这样的吃法颇适现代社会快速发展的饮食速简的需要。虽然台湾的快餐文化，由美国的快餐进军台湾以后而迅速发展起来，不过，饮食文化和社会经济发展步调相互配合，六十年代中期台湾的经济已有起飞的迹象，快餐文化也开始萌芽，维力面与生力面就在这时出现。现在方便面在超级市场中自成一个单位，虽然方便面的品味众多，但每一种品牌必有红烧牛肉面，是唯一可以与美国快餐抗衡的中国快餐。所以，川味牛肉面从最初的外来乡里小吃，变成我们在地的大众食品，然后随着社会经济的转型，又成为快餐文化重要的一支，其间的历程是经过许多转折的。

最初的牛肉面以老张、老王、老李为招牌，现在已经变成张家、王家、李家的牛肉面，也就是牛肉面已经薪火相传到了第二代。由当初单独个人的经营，现在成为家族相承的生意。但在承传之间却发生了口味的转变，最初的川味牛肉面，虽然各有各的特色，但大同小异，口味相去不远。但随着社会多元化的发展，各人有不同的意见，口味也各有不同。为适应各种不同的口味，以过去的川味牛肉面为基础，作了不同的口味转变。这种口味的转变使川味牛肉面彻底本土化，变成台湾牛肉面。所以，台湾牛肉面扬名海外，登陆美国，然后回流台湾，并传至大陆，称其名为加州牛肉面，但仔细品尝，还是台湾牛肉面的味道。

因此，饮食文化的变迁，融入历史发展过程中，只是一个客观的存在，其中的你和我不是绝对的。川味牛肉面就是一例，其可论处在此。

何处难忘酒

白居易好酒，常至薄醺。他认为这样可以有陶渊明饮酒的境界："一酌发好容，再酌开愁眉。连延四五酌，酣畅入四肢。忽然遗我物，谁复分是非。"的确已有陶诗的韵味了。他写了不少效陶渊明的诗，都在浅酌微醺之后。

陶渊明嗜酒，他的《饮酒》诗序就说："余闲居寡欢，兼比夜已长，偶有名酒，无夕不饮。顾影独尽，忽焉复醉。既醉之后，辄题数句自娱。"酒醉之后，还能题诗数句，显然已和他以前的魏晋名士阮籍、刘伶拼命喝酒，烂醉如泥完全不同。

刘伶自称"天生酒徒"，《晋书》本传说他"常乘鹿车，携一壶酒，使人荷锸而随之，谓曰：死便埋我！"醉死了随地就埋，真的是拼命喝酒了。阮籍听说"步兵厨营人善酿，有贮酒三百斛"，于是求为步兵校尉，这样就近水楼台，恣意酣饮了。阮籍的侄子阮咸一族也善饮，所谓"宗人间共集，不复用杯觞斟酌，以大盆盛酒，圆坐相向，大酌更饮。时有群豕来饮其酒"，喝酒不用酒杯，就盆而饮，且与猪狗同槽。刘伶、阮籍、阮咸都是竹林名士，"竹林七贤"人人能饮，最不济的嵇康也有二斗之量。

竹林名士纵酒长啸，向道羡仙，借饮酒摆脱现实的苦闷，真的是饮酒伤身，不饮伤心了。但陶渊明不同，他的《连雨独饮》诗说："运生会归尽，终古谓之然。世间有松乔，于今定何间。故老赠余酒，乃言饮得仙。试酌百情远，重觞忽忘天。天岂去此哉，任真无所先。云鹤有奇翼，八表须臾还。"陶渊明虽然对自己生活的现实世界，也不满意，但不像他以前的魏晋名士，借酒逃避，他仅以酒作刹那的升华，然后又回归自己生活的土地，将醉意和胸中隐藏的理想融合起来，于是在现实世界里可能存在的桃花源，就渐渐隐现了。魏晋思想至此一变，在文学领域里续招隐仙游诗之后，咏赞自然的山水诗也随着出现了。也许这是读陶诗该寻觅的境界。

白居易虽然欢喜陶渊明的饮酒诗，但饮酒的方式和陶渊明不尽相同，除了独饮独醉之外，还欢喜与人共饮。他有《劝酒诗》十四首，诗前有序："予分秩东都，居多暇日。闲来辄饮，醉后辄吟。若无词章，不成谣咏。每发一意，则成一篇。凡十四篇，皆主于酒，聊以自劝。故以《何处难忘酒》《不如来饮酒》命篇。"

诗以"劝酒"命篇，必须有劝饮的对象，那就不是陶渊明的独酌独饮独醉了。在《劝酒诗》中有《何处难忘酒》七首，是白居易与人劝饮，观察后的咏叙，发现在某种情景之中，是必须有酒寄情的。他认为初登高第喜气新，朱门少年春分理管弦，青门送别涕泪收，将军凯歌庆还乡，逐臣逢赦归故里，老病翁独步霜庭，故友天涯又重逢，在这种情景之中，都该有酒一盏。

不过，白居易诗中所叙该有酒的情景，现在已经不存在了。但故友重逢该有酒一盏，却是古今相同的。他的诗所写：“何处难忘酒，天涯话旧情。青云俱不达，白发递相惊。二十年前别，三千里外行。此时无一盏，何以叙平生。”所谓“十年生死两茫茫，不思量，自难忘”，道上不期而遇，已白发苍苍，风尘满面，把肩相视，无言以对，此时无酒，何以共话沧桑。在鲁迅的小说中，我比较喜欢的是《在酒楼上》，写两个分别十年的朋友，落大雪的天气，在小酒馆的楼上，不期而遇的故事。两人把盏话旧以后，最后下得楼来，在大雪纷飞的暮色中别过，相背而去。可能是鲁迅尖刻文章中，最有人情味的一篇，因为既有酒又有情。

饮酒，与朋友对饮而不过量，是雅事。日前，卜少夫先生招饮于天香楼，才知道他不久前摔断腿，因为他见报知我也曾开肠破肚，算是同病相怜，约我相叙，然后我请他在全聚德，吃烤鸭和鱼羊鲜，贺他康复。少老已经九十一岁的人了，豪情依旧，只是不再豪饮，浅酌而已。朋友劝他戒酒，他说酒不能戒，戒了就没有朋友了。犹记二十年前在香江，我办《中国人》月刊，一天少老来电话说该浮一大白。于是，我请他在铜锣湾的老正兴欢饮，一桌七人共饮了六瓶拿破仑，是日大醉，不知如何过海回家的，因为第二天早晨发现自己躺在家里的客厅地板上。

“佛跳墙”正本

要过年了。过年，是中国人的习俗，即使世道不好，百业萧条，年还是要过的。年是一关，日子再难窘，也希望过个好年。不论好歹，总期待年关过后，日子会好过些。如朱淑真《除日》诗所说：“爆竹声中腊已残，酴酥酒暖烛花寒。朦胧晓色笼春色，便觉春光不一般。”年前年后光景不同，端的是年年难过年年过了。

最近些年，社会变得太快，人情薄了，年味也淡了，我也随俗，懒得再厨下周旋，仅治一品锅配以腊味数种，凑合着过年了。的确现在不兴过年了，但主持中馈的主妇，平时上班，到时也不得不虚晃一招，到市场买些现成的菜肴回来应景。这几年时兴的佛跳墙装罐出售，有汤有菜，热透上桌围而食之，算是过团圆年了。不仅市场有现成的佛跳墙，各大观光饭店也推出各式的佛跳墙，有药膳佛跳墙、养生滋补佛跳墙、九华佛跳墙、鱼翅佛跳墙，名目繁多，售价惊人，一罐售价竟至两万五千元，就不是我们小民可以染指的了。

这些名目不同的佛跳墙，各吹各的号，各唱各的调，各有不同的制法。并且各有神奇的渊源所自，有的说远溯源于唐代，有的则说是地道的本土佳肴。一切事物都可以本土化，唯独饮食一道，不可自我设限，截断其源流，而说起自我民我土。佛跳墙一味，犹复如此。所以，该对佛跳墙作一次正本清源的解说。

佛跳墙是福州佳肴，兴于清朝同光年间，初名“坛烧八宝”，后易名“福寿全”，最后称“佛跳墙”。由创办聚春园的郑春发推广而流传。

至于佛跳墙的由来，一般都说是庙里的小和尚偷吃肉，被老和尚发现，小和尚一时情急，抱着肉坛子跳墙而出，因而得名。其实佛跳墙的由来有各种不同说法，其中之一是和叫花鸡一样出于乞丐之手。乞丐拎着破瓦罐沿街乞讨，在饭店讨得的残肴剩羹，加上剩酒混在一起，当街回烧，奇香四散，他们称为杂烩菜。菜香触动一家饭馆的老板的灵感，于是将各种材料加酒烩于一坛中，因而有了佛跳墙。另一说法是福州新妇过门，有“试厨”的习俗，以验其将来主持中馈的功夫。相传有一个在家娇生惯养的新妇，从不近庖厨，临嫁，其母将各种材料以荷叶包裹，并告知不同的烹调方法。但待新妇下厨，却丢了方子，一时情急，将所有的材料置于酒坛中，上覆荷叶扎口，文火慢炖。菜成启坛，香气四溢，深获翁姑的欢心，于是有了后来的佛跳墙。

不过，郑春发的徒孙强祖淦所说，较为可靠。此菜创于光绪丙子年，当时福州官银局的长官，在家宴请布政使周莲，长官的夫人是浙江人，为烹饪的高手，以鸡、鸭、猪肉置于绍兴酒坛中煨制成肴，布政使周莲吃了赞不绝口，回到衙内，要掌厨的郑春发如法调制，几经试验，总不是那种味道。于是周莲亲自带郑春发到官银局长官家中，向那位官夫人请教，回来后，郑春发在主料里又增加鲍参翅肚，味道甚于官银局的。

郑春发十三岁习艺，后更去京、沪、苏、杭遍访名师，学得一身好手艺，辞厨后，自立门户，开设“三友斋菜馆”，后更名“聚春园”。承办布政、按察、粮道、盐道等官府宴席，供应此菜。初名“坛烧八宝”，后来继续充实材料，主料增至二十种，辅料十余种，并换了个吉祥的名字，称为“福寿全”。一日几个秀才到聚春园聚饮，堂倌捧来一个酒坛置于桌上，坛盖启开，满室飘香，秀才们闻香陶醉，下箸更是拍案叫绝，其中一个秀才吟诗一首，其中有“坛启荤香飘四邻，佛闻弃禅跳墙来”之句，因而更名“佛跳墙”。而且“福寿全”与“佛跳墙”，在福州话的发音是相近的。

制佛跳墙取绍兴酒坛，加清水置微火热透，倾去。坛底置一小竹箅，先将煮过的鸡、鸭、羊肘、猪蹄尖、猪肚、鸭肫等置于其上，然后鱼翅、干贝、鲍鱼、火腿，用纱布包成长形，置入坛中，其上置花菇、冬笋、白萝卜球后，倾入绍兴酒与鸡汤，坛口封以荷叶，上覆一小碗，置于炭火上，小火煨两小时，启盖，置入刺参、蹄筋、鱼唇、鱼肚，立即封坛，再煨一小时，上菜时，将坛中菜肴倒入盆中，卤妥的蛋置于其旁，配以小菜糖醋萝卜、麦花鲍鱼脯、酒醉香螺片、香糟醉鸡、火腿拌菜心、香菇扒豆苗等，就凑成一席地道的福州佛跳墙宴了。

太史蛇羹

广东人对吃虽非常坚持，但吃的范围很广，套句现成相声段子的话，“天上飞的，地上跑的，草里爬的，水中游的”都吃。归纳起来，只要背脊朝天的，都可以入馔。而在诸多饮食料中，对爬虫类的蛇却情有独钟。当中秋过后，市招便扯起来，所谓“秋风起，三蛇肥”，吃蛇的季节开始了，一直吃到过年。于是蛇王源、蛇王林、蛇王陈等，以店主姓氏为名的蛇品专卖店，如冬眠的蛇，在一阵绵绵的春雨后，又都苏醒了。

所谓蛇王是劏蛇的专业者，劏即粤语生杀之意。这些蛇品专卖店里，装蛇的铁丝笼子层层堆积，笼内的蛇或盘卧而眠，或蠕蠕欲动，或昂首吐信。蛇本来是种可嫌的动物，但拥挤笼里待宰，有些可怜。劏蛇之时，蛇王从笼里取出一条，挂在店前廊下的铁钩上，当街当众劏杀，身手快捷利落，每日少说也劏百儿八十条，蛇皮堆积如小丘。

劏过的蛇可制成不同的蛇馔，其中最普遍的是蛇羹。蛇羹不论高下，一概称“太史蛇羹”。太史蛇羹出于羊城江太史府第。江太史名孔殷，字少荃，南海人，传为猴子转世，少年好动，若活蹦乱跳的虾子，时人又称其为江虾，后以别号霞公传世。其先世以营茶致富，同光间人尊称为江百万。江霞公少聪慧，但读书并不用功，善为文，气势长江大河。尝言其逢九利于科场，其十九岁入庠，二十九岁中举人，三十九岁中进士，次年入翰林，时在光绪二十九年，是清最后一科会试，此后科举就废了。江霞公与谭延闿同科。谭延闿是陈履安的外祖父，是国民政府奠都南京后第一任行政院长，也是知味大家，有畏公翅、畏公豆腐流传于世，台湾湘菜流行即承其余韵。

江霞公性诙谐玩世，其考乡试时，出重资请著名的枪手郑玉山代他入场考试。他自己却以低廉的代价，替别人做枪手。结果双双高中举人，他拟联自炫："作手请枪，要瞒人非为好汉；阔佬响炮，过得海便是神仙。"民国后为南洋烟草公司总代理，广交游，挥金如土，妻妾成群，席开不夜，家中私厨有中厨、西厨、斋厨，内眷另由六婆打理，太史第江府的菜细致誉满羊城。抗战后江霞公避难香江，家道中落鬻字维持生计，家厨四散，太史蛇羹因而流落于茶楼酒肆。

最近接江献珠女士寄赠《兰斋旧事》。江献珠女士是江霞公的孙女，也是烹饪名家，在美国曾出版食谱，颇为畅销。后来其夫陈天机任香港中文大学联合书院院长，我曾在陈家做客，由江献珠女士下厨，菜色既有太史遗风，且有新创，江女士甚健谈，是夕宾主尽欢。兰斋是江太史书斋名，

《兰斋旧事》叙太史蛇羹制作与外传颇详。

江太史家厨前后有卢端、李子华与李才三人，其中李才在江府服务最长，自兴盛至迁港后一段时间。离开江家后在塘西可居俱乐部工作，郁郁不得志，后恒生银行何添推荐入恒生的宏兴俱乐部工作。李才有侄名煜霖，十二岁随李才习艺，练得治蛇羹的好手艺。

江家兴盛时江献珠女士尚幼，对太史蛇羹制法不甚了了，后来询之李煜霖，是时李煜霖也入恒生银行服务，已廿余年。太史蛇羹最大的特色是蛇汤与上汤分别烹制，蛇汤加入陈年的陈皮与竹蔗同熬，汤渣尽弃不用，再调以火腿、老鸡与精肉同制成的顶汤为汤底，汤的高下决定蛇羹的质量。上汤虽然重要，但刀工更非寻常，蛇是蛇羹的主料，副料有鸡肉、鲍鱼、广肚、木耳、冬菇、生姜、陈皮等，必定切得均匀细致，诸料同烩，加薄芡即成。佐料青柠檬叶切得细如发丝，都由大厨亲自料理。菊花瓣则取自花园自种的菊花，薄脆现炸，此即为太史蛇羹。一席太史第的蛇宴，先上四热荤：鸡子锅炸、炒响螺片、炒水鱼丝、太史豆腐，水鱼即甲鱼，水鱼丝以甲鱼裙边切丝。其后则上饭菜大良积隆咸蛋、炒油菜、蒸鲜鸭肝肠，及煎糟白鱼加香醋与砂糖少许，饭用兰斋农场特产的泰国黑米制成。

记得早年读过一则笔记，记江太史请其同年谭延闿吃蛇宴，作陪的是胡汉民、汪精卫。谭延闿与江霞公是翰林，胡汉民是举人，汪精卫最年少，只是个秀才，席间他们大谈科举的美妙，胡汉民突然喟然而叹说："如果科举不废，谁还来革命!"胡汉民此一叹，事关近代中国知识分子的转变，就不是茶余酒后可论的了。

一封未递的信

最近我的糊涂斋搬了家，因为现在居处的书房过于狭窄，多年局促其间，日久天长竟窝出病来。如今虽然退休，但干我们这行的，无所谓退或不退，而且仍有些未成的旧业待理。于是，在居处附近，觅得二楼公寓一层，作为书屋。公寓面对公园，且无铁栅相隔，立于阳台，可揽整个公园的翠绿，公园时有儿童嬉戏其间，虽有些嘈杂，但颇有稚趣，案头独坐，不甚寂寞。

书房三十几叠，一人独拥，读了大半辈子的书，从来也没有这么豪华过。现在大致整理就绪，书已上架，书架倚壁罗列，颇可一观。只是还有些杂物箱堆积一旁。杂物箱多是些陈年旧物，每次搬迁无法清的旧稿，札记或一些没有撕的信件，置于其中，越积越多。一日偶翻杂物，竟抽得一封已写妥却没有寄出的信。

对我来说，信写妥却未投递，也是常有的事。我非常佩服人家能写出文情并茂的信，但我不行。虽然我也能写几笔文章，但懒得写信，往往是写好信笺，却找不到信封，信笺信封齐备又没有邮票，为一封信跑一趟邮局，是很麻烦的事。好在自己交游不广，不必作无谓的应酬。虽然也有几个至交，但大家都懒，虽然远在天涯，只要知道彼此粗体尚健，就不必闻问了。

不过，这封信却不同，是写给一个从未谋面的人，而且谈的是饮食之道，也是目前为止唯一一封与人谈饮食的信。信写给陈非，是香港的一位食家。香港对于在报纸写饮食专栏者，一概以食家名之。香港的食家不少，但写得好的不多。因为他们多欢喜往脸上贴金，并为一些茶楼酒肆“卖广告”。不过，陈非却是其中佼佼者，他不仅知味，而且能论其源流，是我欢喜读的一个专栏。不过，香港食家论食，也许受了“食在广州”的影响，对于他们自己的饮食习惯不仅坚持而且也是非常固执的。因此，他们对广东以外的“上海菜”了解不多。所谓“上海菜”，是最初对广东以外的菜统称上海菜，广东以外的人，皆称上海人，仿佛偌大的中国只有一个上海。现在对大陆的情况了解较多，已将上海易为北方了。广东以外的菜改称为北方菜。

但这些食家对上海或北方菜，知道得不多，每有谈论，往往出错。陈非谈台湾的“复兴锅”就是一例。按复兴锅出于当年北投干校的复兴岗，一鸡、一鸭、一蹄髈与大白菜置于一锅之中，其锅以白铜打制，若大号的地球仪，诸物置于锅中，多加剥壳的鸡蛋十枚，外配小菜四碟，其名曰梅花餐。锅密封，食时揭开，以保暖，有汤有菜，汤清澈鲜美。

当年老先生每年开春，宴北部大专教师于中山楼，用的就是这种复兴锅。

复兴锅配小菜四碟，其中必有一碟油焖笋，是老先生嗜食的家乡俚味。老先生坐于台上，饭前开讲，开讲没有讲稿，闲话家常，闲话离不了“我带你们来的，还要带你们回去”，颇有人情味，不似他讲演训词的威严。

但陈非将复兴锅误为香港“肥杜”的边炉，的确错得太离谱。因此，我投书更正其误，并说老先生设琼林宴于中山楼，席开两三百桌，若一桌一边炉，生涮熟烫，庙堂之上，烟雾四起，成何体统。陈非接信后，即复函称谢，并将我更正的原函刊于他的专栏中，文后附注说他写不出这样的文章，不敢掠美，故原函照登，题曰：逯耀东。我看后觉得不好意思，就回了一封信给他，没想到这封信原封不动，随我由香港迁徙返台，挤在杂物箱中十多年，实在对不起陈非先生。

信虽写了十多年，现在读来仍有可取之处，信上写的：

陈非先生：手教敬悉。日来读先生专栏，多所称誉，实不敢当，实在太客气了。饮食虽是小道，然涉及范围甚广，且有南北之殊，东西之异，治之不易。耀东来港前后近二十年，且常流连于小食肆大排档之间，然迄今仍无法了解鱼豆腐之制法，鲜奶何出自大良，所谓一地不知一地事也。

饮食事关文化，今日社会文化迅速转变，传统饮食亦随之没落。昨日进城，特去西环天发，除吃碗仔翅外，并配以焖苦瓜，芝麻酱拌面。然其店将因改建而拆除，地道潮州老字号又少一家，思之黯然。

近年有暇即去大陆，非为探幽揽胜，亦无关学术交流，对饮食怀旧而已。去年底再去江南，在扬州春日茶社（应为富春茶社，作者误记。——编注）吃三丁包子、肴肉、干丝，再转无锡吃三凤桥之肉骨头，聚丰园之梁溪脆鳝、油爆虾，更去苏州松鹤楼吃炒虾蟹，最后在上海大同吃雪花蹄筋。皆和当地人民共食，更可解其真正饮食情况，发现内地饮食与其文化一样，与传统间存在一断层，此为某些社会问题之潜在原因。

这是我这么些年唯一一封与人讨论饮食的信，但这封信未递出，而陈非先生已归道山了。

两肩担一口

对于吃，在社会迅速转变的今日，我的确有些感慨。因为吃虽是小道，但源远流长，体系自成，别具一格。过去吃都在家里，但如今饮食一道，也随社会转变而转变。家中虽有灶脚，却常不起炊，往往两肩担一口，踏遍市井处处吃了。

处处无家处处吃，现代的名词称为外食。据调查现在外食的人口，越来越多了。但外食也有其社会缘由，是社会现代化的结果。社会现代化的特质是方便快捷，人随着方便快捷的节奏活动，相对地却变懒了。不知为什么，现在大家都忙，偶有闲暇，就不愿将时间浪费在灶脚，洗菜、切菜、配菜，然后下锅煎炒或煮炖。忙前顾后，等菜上桌，就懒得下箸了。最好的方法是外食。外食既无须准备，又不要善后，吃罢，抹嘴就走，然后携手漫步街头，状至潇洒。

外食还有另一个因由，中国自来妇女主中馈，也就负责家庭的饮食起居。不过，时至近代倡导女权解放，五四时所喊的一句口号，就是妇女走出家庭，也就是从厨房解放出来。现在我们家里的巧妇，已变成了社会的女强人，女强人下班归来，已累得喘不过气，哪还顾得灶脚。不过，男人也不争气，放不下大男人的优越，又不能巧妇不为拙夫自己做。最后，两性平权最好的妥协，就是外食。

外出觅食，虽然方便，但出得家门，踯躅街头，食肆林立，市招满眼，品目繁多，而且店名又奇特，真的是四顾茫然，不知何去何从。因为这年头只要会五六个菜，而且又能把菜炒得半生不熟，就可以竖招牌立字号。至于价是否廉，物是否美，主人是否亲切可喜，都是次要。反正现代人吃的不是滋味，为的只是疗饥，疗饥是不讲滋味的。

受到现代的感染，我也变懒了。过去也欢喜在灶脚摸摸弄弄，但现在的灶脚，局促难以转身，虽储有鲍参翅肚、黄耳红菇、野竹参、裙边与哈士蟆，皆束之高阁，任其落尘，却无兴趣料理，不如外食方便。我不是美食者，只要合情趣的都吃，近在厝边，远处也有些常常思念的饮食料理的朋友，所以，两肩担一口，台北通街走。但每次出门访问，就多一次感慨，过去的古早味越来越少了。尤其这几年在大学历史系开了一门“中国饮食史”，选课的人不少。所以，特别留心身边的饮食变迁，常有吹皱一池春水的闲愁，老是担心有一天，我们下一次吃饭不用筷子了。

灶　脚

灶脚，厨房之谓。旧时有家就有灶脚，灶脚必有灶。灶脚供应全家的饮食，是家的心脏，生活的依赖。

记得儿时天寒下学归来，一头就钻进灶脚，因为母亲准在那里。然后窝在灶旁，一面向灶内添火，一面取暖。母亲在灶上准备晚餐，忙着蒸包子或馒头，切菜炒菜。蒸笼冒着馒头已熟的香气，飘散满屋，锅里的菜咕噜噜滚着。腹中饥饿，心里却充满温暖的等待，只等母亲一声传唤拿筷子拿碗，我一跃而起，请父到厨下开饭。一家人围灶而坐吃晚饭，此情此景，真想唱出："我的家庭真可爱。"

家有灶脚，有灶脚就有灶王爷，旧俗腊月二十三更尽时，灶王爷上天言事，家家祭灶。唐段成式《酉阳杂俎》说灶爷："常以月晦日上天白人罪状，大者夺纪，纪三百日，小者夺算，算一百日。"按家人罪状，大小不同，夺阳寿若干。灶王爷是玉帝遣派常驻各家的督使，这个时辰上天汇报，所以家家户户祭灶祈福，是为小年夜。宋范成大《祭灶》诗说："古传腊月二十四，灶君朝天欲言事。云车风马小流连，家有杯盘丰典祀。猪头烂热双鱼鲜，豆沙甘松粉饵圆。男儿酌献女儿避，酹酒烧钱灶君喜。婢子斗争君莫闻，猫犬触秽君莫嗔。送君醉饱登天门，杓长杓短勿复云，乞取利市归来分。”对祭灶情景描叙甚详。

灶王爷是家的守护神，对家人的喜怒善恶，观察皆有考纪，准备上天禀报。但灶王爷并非铁面无私，颇有人情味的。所以，祭灶那天将糖饴抹在灶王爷神像口中，使他上天口不能多言，或将酒糟涂于灶口，使他酒醉不能说长道短，只能“上天言好事，下地保平安”。

不过，自从大同电饭锅上市，天然气普遍使用后，灶脚的情况改变。使用大同电饭锅，家庭主妇无须晨起引火，煲粥煮饭，只要将米淘妥，置于内锅之中，然后外锅添水覆盖，最后，像弹钢琴似的将键向下一按，即可。不必再担心饭夹生或焦煳，是中国主食体系粒食文化的重大的超越与突破。中国人不可一日无饭，当年留学生出国，都抱了个大同电饭锅漂洋过海，表示虽漂泊异域也不忘本。

天然气的使用，更彻底改变传统灶脚的形态。从此灶脚煮饭用电饭锅，煮菜则有瓦斯炉，无须另外设灶。接着又有快锅慢锅、微波炉的出现，灶脚无烟无火也有饭吃，这是台湾半世纪来饮食文化重大的转变。灶脚无灶，灶王爷失去居住之所，我们从此失去家庭的守护神。

灶脚从传统迈向现代之后，容积缩小，仅能容一身周旋其间，两人已嫌太挤，不再是家庭聚会之所，缺少了往日的温馨和谐。许多细事的争端被挤了出来，家庭成员生了外心，其名曰外食。灶脚没有灶，我们不仅失去了家庭的守护神，黄昏的田野也失去了诗意，因为再也看不到袅袅上升的炊烟了。没有炊烟，只剩冷灶，我们的生活也变得单调了。

厝 边

如今，人居高楼之上，电梯直上直下，很少遇到厝边。即使偶尔梯间相左，也不过作露齿微笑状，齿间生硬地迸出个早或好，再多就说句真热或下班放学了，都是些没有油盐的无谓话。简单冷漠，早已没有厝边的情意了。

厝边，左邻右舍的意思。过去的厝边，比屋而居，门庭相对。闲来无事，倚门话个家常，谈得兴起，不觉日移，往往会忘了灶脚的焢肉，没有关火。平常所谈，非关紧要，只是些身旁细事，如刚刚从市场买了些什么，准备如何调理之类。的确，当年的厝边灶脚相连，往往是一家煮菜几家香，门首的会谈，成了饮食经验的交流。有时缺盐少酱，互通有无，吃忙当紧，相助相携。

当初选定在此落户，图的是个闹中取静。小区不大，百来户人家，四合院的建筑，中庭宽广，花草树木有专人料理，修剪得很齐整。前后门有人守望，前临马路，后有巷道，入得院来而无车马喧嚣，凌晨的庭院竟有雀鸟攀树枝啾啾。庭院不深，但厝边近而不亲。不得已只好出门另觅厝边。

出门数步，有个公园，公园不大，树木森森，非常清幽，成了我晨夕漫步的场所。园中有池，池上架有拱桥，池旁植柳，不知何时多了两只白鹅浮游其间，尤其斜风细雨，柳丝飘拂含烟，景物似是四月江南。池塘外的林荫里，有步道环绕，人在道上或跑或行。林荫间散着练拳舞刀的，随音乐节拍起舞的，还有练香功或养气的……人多不杂，却有小犬奔跑往来吠叫。

公园外只要警察不来，嘈杂得像个集市，豆腐青菜，水果干货，馒头包子，厨具衣物皆有。偶尔还有个山东老乡卖牛筋的，他卖的牛筋是牛面颊和牛眼，是当年大千所嗜红烧牛头的原料。这时环绕着公园的各家吃食店也开门了。这些吃食店就是我厝边外的厝边了。

环绕这一带的吃食店种类不少，屈指算来，有豆浆、素食与地瓜粥、蚵仔面线、广东粥、米粉汤与猪肠、肉丸、凉面、意面、米糕、油饭、福州干拌面与福州鱼丸，还有三家“美而美”的汉堡和三明治……这是早市，也都是我的好厝边，每天在公园里行走，心里就盘算着去哪家，轮流拜访，才不冷落厝边。

不过，我常去光顾的还是家豆浆店。当初搬来的时候，为了这家豆浆店高兴了一阵子。在外漂流多年，想的就是碗热腾腾的豆浆和一套刚出炉的烧饼夹油条。开店的兄弟二人，其中一个是哑巴，和我交情很好，每次去都比手画脚一番，然后再为我燃上一支烟。和哑巴交朋友有个好处，没有语言的是非。后来知道他们是客家人，他们的母亲告诉我，她四女三子在台北开了七家豆浆店。只有忍劳耐苦的客家人，才能从山东人手里接下这种起早睡晚的行业，从永和扩展到台湾各地，再发展到海外并且回流到大陆去，这是台湾饮食本土化转变中很重要的过程。半年前马路对面，新开了一家二十四小时营业的永和豆浆店，老板娘也是客家人，巴拉圭的归侨，他们在那里就是经营永和豆浆的。

饮食与文学

谈饮食文学，我还是从历史的角度来看这个问题。在儒家的价值体系里首先注意饮食，但不让人民吃饱，因为吃饱会生事，吃不饱又会造反，让老百姓有得吃，不饿死就行了。所以在正史里关于饮食的资料不多，饮食材料很多存于文学作品中。在文学作品里有很多描绘不同时代的饮食生活，包括蔬果、茶酒与饮食习惯或饮食行业的经营。透过这些文学作品，可以了解饮食在社会变迁中的影响。

去年在政大中文系开了一门“中国饮食与文学”的课程，从文学讨论饮食的变迁。在唐诗中有大批的饮食资料，有一次我为了写茶的文章，统计过唐诗中关于茶的诗有六百多首，关于酒的更多。因为由酒变茶，是魏晋至隋唐饮食文化重大的转变，我写了一篇《寒夜客来茶当酒》分析这个问题。因为“茶”这个新饮料的出现，使得喝酒的风气变了，转变的开始大约在东晋陶渊明的时期，陶渊明天天喝酒且好酒，但他不像魏晋初期的竹林七贤这么狂放与拼命饮酒，他在喝酒的时候，把生命与历史时代融合为一，因而产生了《桃花源记》。

再说我们大家都吃东坡肉，东坡肉是苏东坡被贬到黄州时发明的。黄州猪肉好，又产竹笋，经东坡慢着火少着水的烹调，而出现东坡肉。在黄州时苏东坡的词有一大转变，从平常走向豪放。后来他到了海南岛，心情更为超越，因为海南岛更没有东西好吃，他只吃些野味，连蝙蝠都吃了。所以他的诗又超越了出来，他自己认为已达到陶渊明的境界，因此，从文学作品中我们可以看出很多饮食的习惯。

明清的小说隐藏了丰富的文学资料，像《水浒传》《金瓶梅》《西游记》《儒林外史》《红楼梦》，这些小说都反映了一个时代的饮食风貌，譬如《水浒传》写了快活林的酒店，写了卖人肉包子的黑店，而梁山上是大碗喝酒大块吃肉，写的虽是宋代，却表现了施耐庵生活的原貌，当时因为战乱社会经济还没有恢复，所以他不能写精细的饮食。《金瓶梅》是一个时代城市经济发展后的产物，表现城市居民的生活奢侈，着墨于声色和饮食层面，过去我们往往只注意到其中的艳情而忽略饮食。《金瓶梅》的饮食是城市兴起的经济状况展现，钱的使用不再投资于土地，而是商业的流通与消费。《金瓶梅》的饮食发展在黄河以南、淮河以北的饮食文化圈，和孔府的饮食文化相重叠。很奇怪的，《西游记》写了很多神仙的饮食，虽是唐代，却表现了明代晚年扬州江淮一带的饮食习惯，因为吴承恩生活在这个乡间，生活很清苦，吃的都是素菜。《西游记》所描写的那些神仙的食物其实都是人间食谱，表现了江淮一带乡里的食品。《红楼梦》的金液玉食，表现了豪门的饮食。曹雪芹的家族是汉化的满人，但在金陵六十年，已习惯汉人的生活。雪芹十三岁被抄家，到了北京后，他又回到满人的生活文化圈里，他很明显是一个边际人。他在北京却向往南京的繁华，表现在他小说的饮食里面。透过小说的饮食，我们可以了解一个时期文化的形态。

比如说近代的小说，鲁迅很少写饮食。但我比较喜欢鲁迅的一篇《在酒楼上》，写分别很久的朋友在下雪天不期而遇，主角在酒楼叫的豆腐干、兰花豆，都出自绍兴，小说表现了绍兴的饮食习惯。五四时期作者往往将自己的生活经验写进小说里去，这个小酒楼就在绍兴鲁迅故居旁，是鲁迅接待朋友的地方，我曾去探访过。

所以，许多的饮食资料，隐藏在文学作品之中，待我们探索，待我们发掘。

（饮食文学国际研讨会之圆桌会议引言）

第三辑　记忆是把尺

袁枚与明清文人食谱

周中孚《郑堂读书记》，其“子部·谱录类”之首，著录袁枚《随园食单》说：“《随园食单》，无卷数，国朝袁枚撰。”并且说：

> 枚，字子才，号简斋，钱塘人，乾隆四年进士，选庶吉士，散馆为江南溧水县。四十后，绝意仕宦，世称随园先生。简斋本役志于饮馔，每食于人家而饱，必使家厨往彼灶觚，执弟子之礼。四十年来，颇集众美，因问其方略，集而存之，以为是编。一须知单，二戒单，三海鲜单，四江鲜单，五特牲单，六杂牲单，七羽族单，八水族有鳞单，九水族无鳞单，十杂素菜单，十一小菜单，十二点心单，十三饭粥单，十四茶酒单。每单又各分子目，凡三百二十余品，虽欲不谓之饮食之人而不可得矣。然考《说郛》所载饮食之书三十余种，则自昔有之矣，非简斋之所创也，前有自序。

周中孚称袁枚是“饮食之人”。当然，袁枚不仅是“饮食之人”，而且是清代前期的诗人领袖，文坛祭酒。袁枚之挚友赵翼《读随园诗题辞》说袁枚“其人与笔两风流，红粉青山伴白头。作宦不曾逾十载，及身早自定千秋”，是袁枚退官后生活最好的写照。袁枚生于康熙五十五年（一七一六），卒于嘉庆三年（一七九八），历康熙、雍正、乾隆三世，正是所谓清代盛世。乾隆三年（一七三八），袁枚二十三岁中举，次年中进士，选庶吉士，乾隆七年（一七四二）外放江南，历任溧水、江浦、沭阳、江宁等知县。乾隆十三年（一七四八）两江总督尹继善荐袁枚为高邮知府，被吏部驳回，次年即辞官乞养。自此绝于仕途，于金陵购得江南织造曹頫后任隋赫德的旧园，随山营造为随园。以后半个世纪，袁枚退居随园与诗友欢聚，吟风唱月，或出外探幽，悠游于山水之间，红袖添香，诗酒风流过了一生。

二

袁枚诗文冠江南，著作等身。最初自刻《随园三十种》，其中除《小仓山房诗集》《文集》外，并有《食单》一卷，即后来的《随园食单》。嘉庆元年自定义其著作时，作《杂书十一绝句》，其第十云：“吟咏余闲著《食单》，精微仍当咏诗看。出门事事都如意，只有盘餐合口难。”袁枚将其《食单》与咏诗等同齐观。《随园食单》是明清文人食谱，最脍炙人口的一种。

《郑堂读书记》著录《随园食单》于“谱录类”，其来有自，缘于《四库总目提要》。《四库总目提要》依《遂初堂书目》之例，立“谱录”一目，置于“子部·艺术类”之后。其《小序》云：

> 古人学问，各守专门，其著述具有源流，易于配隶。六朝以后，作者渐出，新裁体例，多由创造，古来旧目，遂不能该。附赘悬疣，往往牵强……明知其不安，而限于无类可归，又复穷而不变，故支离颠舛，遂至于斯。惟尤袤《遂初堂书目》创立“谱录”一门，于是别类殊名，咸归统摄，此亦变而能通矣。

中国传统目录学，始于《汉书·艺文志》，魏晋以后，政治权威降低，个人意识醒觉，而且由于书写工具改进，出现了许多新的著作形式与体裁，因而目录学的发展，由《汉书·艺文志》的“七略”转变为《隋书·经籍志》的“四部”，所统摄的书籍十倍于前，但仍然无法将新的著作体裁作明确的归类。饮馔之书的食谱之作，分属“诸子·农家”与“方技·医方”，就是一个非常明显的例子。《四库总目提要》的“谱录类”又说：

> 案《齐民要术》备载饮食烹饪之法，故后之类于是者，悉入农家，其实贾思勰所言，闾阎日用之常耳。至于天厨珍膳，方州贡品，连而入之，则非农家所有……今于近似农家者，并改隶谱录，俾均不失其实焉。

《齐民要术》，北魏高阳太守贾思勰撰，是一部总结自汉以来《氾胜之书》、崔寔《四民月令》的农书；是贾思勰任地方首长，教民取食的过程。其编辑中自序“起自耕农，终于醯醢”，也就是起于种植，终于烹调，反映了当时黄河中下游自给自足的自然经济社会形态。书中烹饪资料多取自崔浩《食经》。

崔浩是北魏前期中原士族的政治领袖。后因“国史之狱”被杀，株连甚众。崔浩《食经》为其母口述，由其笔录而成，是中国最早的一部饮馔之书。反映了永嘉风暴后，流离在黄河流域中原世家大族，日常生活实际的情形。特别重视礼法传家的规范，是一部表现儒家饮食思想的典型著作。在《隋书·经籍志》却著录在“方技·医方类”之中，方技的医方类是道家饮食思想所系，就非“农家所有事矣”。这是《四库总目提要》将饮馔之书重新归类的原因。《四库总目提要》说“收诸杂书之无可系属者”，都归入“谱录类”，所以“谱录类”的内容的确非常复杂，包括鼎彝图录、文房四宝、钱录香谱、奇石花卉、百宝总珍、茶经酒谱、饮馔之书，都著录其中，《四库总目提要》将“谱录类”列于“艺术类”之后，似有意将“谱录类”作“艺术类”的辅助，而饮馔之书亦在其列。于是饮馔之书超越了过去儒家维生与道家养生的范畴，提升到艺术的层次，这是中国饮食思想在明清时代一个重要的转变。

二

明清出现大量的文人食谱，反映了这种发展的趋势。在明清的文人食谱，明高濂的《饮馔服食笺》与清李渔的《闲情偶寄》具体表现了这种发展与转变的趋势。

《饮馔服食笺》的作者高濂，字深甫，别号瑞南道人、湖上桃花渔，生平卒年不详，万历时，曾任职主管庙堂祭祀的鸿胪寺，工乐府，是明代著名的诗人、戏曲家，著有南曲《玉簪记》《节孝记》及《雅尚斋诗草二集》《遵生八笺》等，当时戏曲家说高濂“家世藏书，博学宏道，鉴识清朗”。

所谓“博学宏道，鉴识清朗”，也就是高濂受当时儒道混同的思潮的影响，有显明道家的倾向，尤其在饮食方面，将道家养生的服食观念，做了高度的发展与实践。所以如此，高濂“余幼病羸，复苦瞶眼”，因而有“忧生之嗟”故而“癖喜谈医”。不论客游或家居，多方咨访奇方秘药，用以施治痼疾，其后竟疾除，恢复康壮，目瞶复明，于是发其所藏，及平日博览群书所记并参与己意，辑成《遵生八笺》。

遵生即尊生。所谓尊生，《遵生八笺·自叙》云："尊生者，尊天地父母生我自古，后世继我自今，匪徒自尊，直尊此道耳。不知生所当尊，是轻生矣。轻生者，是天地父母罪人乎，何以生为哉。"所以，高濂《遵生八笺》之作，为"无问穷通，贵在自得，所重知足，以生自尊"。

《遵生八笺》以尊生为主题，从八个方面讨论与介绍延生益寿之术与却病之方。其一，《清修妙论笺》，以培养德行为养生第一要义，高濂从儒、释、道三方面，摘录名言确论，阐释修生养生之道。其二，《四时调摄笺》分春夏秋冬四卷，根据四时季节不同，阐明不同的养生之道。其三，《延年却病笺》，是八笺最精粹的部分，以气动引导为主要内容。其四，《饮馔服食笺》，将饮馔作为养生主要的内容。其五，《燕闲清赏笺》将鉴赏清玩为养生的主要内容。其六，《灵秘丹药笺》以医药方剂为主。其七，《起居安乐笺》，以"节嗜欲、慎起居、远病患、得安乐"为主旨。其八，《尘外遐举笺》，所谓"隐德以尘外为尊"，列举尘外高士凡百余人。

《遵生八笺》以却病养生为主，而《饮馔服食笺》却是以日常生活饮食为主要内容，也是其中的重要部分。虽然

《饮馔服食笺》以“日用养生，务尚淡薄”为主旨，高濂说：“余集首茶水，次粥糜、蔬菜，薄叙脯馔醇醴、面粉糕饼果实之类，惟取适用，无事异常。”这些平常饮食与“大官之厨”“天人之供”的珍馐美味完全不同。因为高濂认为饮食与养生有密切关系，他说：“饮食，活人之本也，是以一身之中，阴阳运用，五行相生，莫不由于饮食。故饮食进则谷气充，谷气充则血气盛，血气盛则筋力强。”所以《饮馔服食笺》除茶泉类讨论茶水外，并收录了粥糜三十八种，除此之外，还有药品类二十四种，神秘服合类等共三百余种。高濂对于饮馔似偏重养生，其酿造类为其自酿的酒类，也是以养生为主，他说：“此皆山人家养生之酒，非甜即药，与常品迥异，豪饮者勿共语也。”但其饮馔的调治，并无秘方，与平常一般无异，试举其“炒腰子”：“将猪腰子切开，剔去白膜筋丝。背面刀界花儿，落滚水微焯，漉起，入油锅一炒，加小料葱花、芫荽、蒜片、椒、姜、酱汁、酒、醋，一烹即起。”这是平常炒腰花的方法。他如制甜品，高濂说：“凡做甜食先起糖卤，此内府秘方也。”

虽然，《饮馔服食笺》所收饮馔之方，都是日常家居饮食，同时却反映当代文人生活的闲情雅趣。《饮馔服食笺》首论“茶泉类”，但对茶品的论述，对采茶，藏茶，煎茶时的择水、洗茶、候汤、择品，以及试茶时的涤品、熁盏、择果等都有细致的讨论，因为高濂认为“人饮真茶，能止渴消食，除痰少睡，利水道，明目益思，除烦去腻，人固不可一日无茶”。但饮茶除了实际的效用，还必须与其他情景相衬，才有其雅趣。高濂《扫雪烹茶玩画》说：

> 茶以雪烹，味更清冽。所为半天河水是也。不受尘垢，幽人啜此，足以破寒。时乎南窗日暖，喜无觱发恼人，静展古人画轴，如《风雪归人》《江天雪棹》《溪山雪竹》《关山雪运》等图，即假对真，以观古人模拟笔趣。要知实景画图，俱属造化机局。即我把图，是人玩景，对景观我，谓非我在景中？千古尘缘，孰为真假，当就图画中了悟。

煮雪烹茶已是雅事，而南窗观画，古今同参是非常高雅的境界。高濂另有《山窗听雪敲竹》，是一篇境界高雅的小品文：

> 飞雪有声，惟在竹间最雅。山窗寒夜时，听雪洒竹林，淅沥萧萧，连翩瑟瑟，声韵悠然，逸我清听。忽尔回风交急，折竹一声，使我寒毡增冷。暗想金屋人欢，玉笙声醉，恐此非尔欢。

若此时故人叩扉，披衣而起，倒屐相迎，取雪煮茶，则杜耒

"寒夜客来茶当酒，竹炉汤沸火初红"的境界尽出。

不过，明清文人的饮食，必须与其他情景相配，形成一种生活的艺术。高濂的《饮馔服食笺》为其《遵生八笺》之一，并且有和饮食相配的《燕闲清赏笺》。虽高濂将燕闲清赏作为养生的内容，但涉及的器物十分广泛，有古铜器、玉器、瓷器的辨识与鉴赏，有历代碑帖、绘图、古琴的鉴别与玩赏，有文房四宝的品评与制法，并详叙葵笺、宋笺、松花笺的制作方法，并且有花、竹、盆景的鉴评，还有牡丹、芍药、兰、菊、竹的栽培与护养的方法，以及玉华香、龙楼香、芙蓉香等十余种香的制法。这许多丰富的内容，正是《四库总目提要》"谱录类"著录各种不同类别著作的范畴，并且将饮馔、茶、酒包括在内。于是饮馔之书将单纯之口腹之欲提升到生活艺术层次，饮食不仅是为维生或养生，还有情趣在其中。这是中国传统饮馔之作的发展，在明清文人食谱出现后重要的转变。

三

《四库总目提要》"谱录类"著录饮馔之书的种类并不多，其中出于文士之手的有韩奕的《易牙遗意》。韩奕，字公望，号蒙斋，平江（苏州）人，生于元末明初，出身医学世家，入明后，终身不仕，浪迹山水之间，与王宾、王履齐名，并称明初吴中高士。书名《易牙遗意》，易牙，是齐桓公的重臣，春秋时著名的厨艺高手。韩奕以此为名，是他个人饮食经验的汇集，书分两卷，分酝造、脯鲊、蔬菜、笼造、炉造、糕饵、汤饼、斋食、果实、诸汤、诸茶、食药等十二类，记载了一百五十余饮馔制作与烹调的方法。

《易牙遗意》的烹调方法非常精细，如其“带冻姜醋鱼”，制法：“鲜鲤鱼切作小块，盐腌过，酱煮熟，收出，却下鱼鳞及荆芥同煎，滚去查（渣），候汁稠，调和滋味得所，用锡器密盛，置井中或水上，用浓姜醋浇。”制作过程甚是繁复。《易牙遗意》若干材料，取自《吴氏中馈录》，书收入陶宗仪《说郛》，作《浦江吴氏中馈录》，浦江即苏州，周履靖《易牙遗意·序》谓其菜肴烹调“浓不鞔胃，淡不槁舌，出以食客，往往称善”。

《四库总目提要》“谱录类存目”又有曹寅《居常饮馔录》一卷。并云：“寅，字子清，号楝亭，镶蓝旗汉军。康熙中巡视两淮盐政，加通政司衔，是编以前代所传饮膳之法汇成一编。”其中包括宋王灼《糖霜谱》、宋东溪遁叟《粥品》及《粉面品》、元倪瓒《泉史》、元海滨逸叟《制脯鲊法》、明王叔承《酿录》、明释智舷《茗笺》、明灌畦老叟《蔬香谱》及《制蔬品法》等，曹寅搜罗饮馔之书甚丰，编成此书，似有意对宋明以来的饮馔之书做一个总结的汇编。

曹寅是《红楼梦》作者雪芹的祖父，是一位知味者，自称饕餮之徒。有《楝亭诗钞》五卷。《总目提要》称“其诗出入于白居易、苏轼之间”，其诗钞中有许多歌颂食物的诗篇，菜肴如红鹅、绿头鸭、寒鸡、石首鱼、鲥鱼、鲍鱼羹、蟹胥，等等，此外还有蔬果，如笋豆、荠菜、樱桃等，以及许多有关点心与茶酒的诗篇。曹氏家族在江南兴盛一个多甲子，曹寅个人任三年的苏州织造，二十一年的江宁织造。而且自认为是老饕，其家饮馔制作精致，朱彝尊《曝书亭集》称赞曹寅家的雪花饼，有“粉量云母细，糁和雪糕匀”之句，雪花饼是明清之际江南流行的点心，亦见《易牙遗意》，但皆不如曹家制作精细。

朱彝尊，号竹垞，浙江秀水人，康熙十八年举博学鸿词科，授翰林院检讨，长于词，是清初大家，并专研经学，著有《经籍考》。与曹寅友好，其文集《曝书亭集》即由曹寅刊刻，朱彝尊另有饮馔之书《食宪鸿秘》二卷。全书以“食宪总论”为首，论饮食的宜忌，下列饮之属，饭之属，粉之属，粥之属，饵之属，馅料，酱之属，蔬之属，果之属，鱼之属，蟹，禽之属，卵之属，肉之属，香之属，书末附有汪拂云所录食谱，内容非常丰富，有菜肴饭点烹调或制作方法四百余种。朱彝尊认为饮食之人有三种，一是铺馁之人，“食量本弘，不择精粗，惟事满腹。人见其蠢，彼实副其量，为损为益”。一是滋味之人，“尝味务遍，兼带好名，或肥浓鲜爽，生熟备陈，或海错陆珍，谇非常馔。当其得味，尽有可口”。一是养生之人，“饮必好水，饭必好米，蔬菜鱼肉，但取目前常物。务鲜，务洁，务熟，务烹饪合宜。不事珍奇，而有真味”。所以，朱彝尊认为“食不须多味，每食只宜一二佳味。纵有他美，须俟腹内运化后再进，方得受益”。

和朱彝尊《食宪鸿秘》同时的，还有李渔的《闲情偶寄》。李渔是清代著名的戏曲家、文学家，字笠鸿、谪凡，号笠翁，浙江兰溪人，才华藻翰，雅谙音律。著有《笠翁十种曲》和小说《十二楼》。《笠翁一家言》收集其所著诗文，内有《闲情偶寄》，将园林居室、饮食器皿、花木种植、饮馔烹调、养生，作为一个整体，饮馔是其中的一个单元，反映了明清文人的生活情趣。虽然饮馔为了口腹之欲，但李渔认为饮馔应有接近自然的生活情趣，他说：“声音之道，丝不如竹，竹不如肉，为其渐近自然。吾谓饮食之道，脍不如肉，肉不如蔬，亦以其渐近自然也。”他又说：“草衣木食，上古之风。人能疏远肥腻，食蔬蕨而甘之，腹中菜园，不使羊来踏破，是犹作羲皇之民，鼓唐虞之腹，与崇尚古玩同一致也。”所以，《闲情偶寄》的饮馔在求生活的情趣，虽一粥一饭之微，蔬芦鱼虾之馔，都有一定的讲究和情趣。

韩奕《易牙遗意》、高濂《遵生八笺》、曹寅《居常饮馔录》、朱彝尊《食宪鸿秘》、李渔《闲情偶寄》都是明清著名的文人食谱。这些饮馔之书等著作，已超越以往食谱维生与养生范畴，和这个时期文人生活相结合，形成一种生活的艺术。这是中国传统饮食，发展至明清一个重要的转变，《四库总目提要》立“谱录类”，将饮馔之书自“农家”与“方技家”析出，与彝鼎图录、文房四宝、清玩珍器、花卉香谱并列。自此，饮馔之书不仅为满足口腹之欲，而提升到生活艺术的层次，“谱录类”的出现，正反映了中国饮食文化发展与转变的趋势。

四

讨论明清文人食谱，袁枚《随园食单》不仅是脍炙人口，也是总结明清文人食谱的重要著作。《随园食单》分“须知单”“戒单”“海鲜单”“特牲单”等十四个部分，共列了蔬肴、面饭与茶酒的烹调与制作方法三百二十六种。这些饮食资料，都是袁枚四十年饮食经验的积累与结晶。袁枚在其《食单》序说：

> 每食于某氏而饱，必使家厨往彼灶觚，执弟子之礼，四十年来，颇集众美。有学就者，有十分中得六七者，有仅得二三者，亦有竟失传者。余都问其方略，集而存之。虽不甚省记，亦载某家某味，以志景行。自觉好学之心，理宜如是。虽死法不足以限生厨，名手作

书，亦多出入，未可专求之于故纸。然能率由旧章，终无大谬，临时治具，亦易指名。

袁枚说他的《食单》是他“四十年来，颇集众美”饮食经验的记录。如其“煨鹩鹑、黄雀”说：“苏州沈观察煨黄雀，并骨如泥，不知作何制法？炒鱼片亦精，其厨馔之精，合吴门推为第一。”又“鳆鱼”：“杨中丞家，削片入鸡汤豆腐中，号称鳆鱼豆腐，上加陈糟油浇之。庄太守用大块鳆鱼煨整鸭，亦别有风趣。”又“素面”：“先一日将蘑菇蓬熬汁定清，次日将笋熬汁，加面滚上。此法扬州定慧庵僧人制之极精，不肯传人，然其大概亦可仿求。”袁枚每出游，必有家厨自随，习得其方，归家仿制，并叙其所自，载于《食单》。《食单》有未载出处者，则多出自扬州盐商童岳荐的《调鼎集》。《调鼎集》由北京图书馆抄本《童氏食规》《北砚食规》合成。北砚是童氏的字，《调鼎集》湮没数百年，至今始重见天日，这段公案当另为文讨论。

袁枚人品诚有可议之处，但是懂得生活情趣，而且是知味的人。自称是饮食之人，在他《答（尹）相国》中说：

魏文帝《典论》云：一世长者知居处，三世长者知服食。钱穆父亦云：三世仕宦，才晓得着衣吃饭。枚，寠人子耳，腹如唐园，半是菜根充塞，虽有牛羊，未必遽能踏破，何足当谆谆见委之盛心哉！然传说调羹之妙，衣钵难传。而易牙知味之称，古今同嗜。谨当持三寸不烂之舌，仔细平章。凡一切蒸凫炙鸹，鸭臛羊羹。必加去取之功，列长名之榜。

所以，《食单》所载，都是袁枚“以三寸不烂之舌，仔细平章”后，加以去取的记载，由此形成其个人饮食理论的体系，《食单》前有“须知单”与“戒单”，就是袁枚饮食理论具体的实践。其“须知单”小序云：“学问之道，先知而后行，饮食亦然。”而“戒单”小序则云：“为政者兴一利，不如除一弊，能除饮食之弊，则思过半矣。”

袁枚不仅将饮食与为学从政相提并论，并且将饮食与咏诗等量齐观。前引他的《杂书十一绝句》就说：“吟咏余闲著《食单》，精微仍当咏诗看。”他更有《品味》诗：“平生品味似评诗，别有酸咸世莫知。第一要看香色好，明珠仙露上盘时。”袁枚不仅将饮食视为一种生活艺术，并且将饮食提升到诗意的境界。

梁章钜《浪迹续谈》说：“《随园食单》所讲求烹调之法，率皆常味蔬菜，并无山海奇珍，不失雅人清致。”“清雅”是袁枚品味评诗的标准。他说：“平生诸般能耐，最不能耐一庸字。所谓庸字，不过人云亦云。”所以，他在《答（尹）相国》说：

> 每见大富贵人，堂上悬画一幅，制《行乐》一图，往往不画玉几金床，而反画白蘋红蓼、竹杖芒鞋者，何哉？盖味浓则厌，趣淡反佳故耳……如平日诗文，自出机杼，不屑寄人篱下……饮食之道，不可以随众，尤不可以务名。

袁枚认为品味与咏诗，应“自出机杼，不屑寄人篱下”，而且“味浓则厌，趣淡反佳”，因此，饮食与论诗，以清洌为佳。其《陶怡云诗序》云：

> 伊尹论百味之本，以水为始。夫水，天下之至无味者也，何以治味者取以为先？盖其清洌然，其淡的然，然后可以调以甘毳，加群珍，引之于至鲜，而不病其腤腐。诗之道亦然。性情者，源也；辞藻者，流也。源之不清，流将附焉？迷途乘骥，愈速愈远。此古人所以有清才之重也。

“清才之重”各有禀性，饮食亦然，《随园食单》第一是“须知单”。“须知单”首论食物禀性：“凡物各有先天，如人各有资禀。人性下愚，虽孔孟教之，无益也；物性不良，虽易牙烹之，亦无味也。”

禀性与清雅，是袁枚所倡性灵诗派两大标志。袁枚被称为“一代骚坛主”。“当代龙门”的袁枚，姚鼐《袁随园君墓志铭并序》说：“士多效其体，故《随园诗文集》，上自朝廷公卿，下至市井负贩，皆知贵重之。”袁枚驰骋乾嘉诗坛近半个世纪，是性灵诗派的旗手。所谓性灵诗派，完全挣脱儒家诗教的束缚，而且不落入唐宋的格律中，诗的内容表现个人的感情，与作者独立的个性与独创性，突出个人的才华，袁枚《蒋心余〈藏园诗〉序》说：“作诗如作史也，才、学、识三者宜兼，而才为尤先。造化无才，不能造万物；古圣无才，不能制器尚象；诗人无才，不能役典籍、运心灵。”诗是心灵的反映，贵独创。袁枚《静里》具体表现了他所标榜的性灵：

静里工夫具性灵，井无人汲夜泉生。

蛛丝一缕分明在，不是闲身看不清。

信手拈来，自然天成。探索袁枚性灵诗的思想根源，他自道是“郑孔门前不掉头，程朱席上懒勾留”，与李贽“六经、《语》、《孟》，乃道学之口实，假人之渊薮也”是一脉相承的。李贽直接对宋明理学“存天理，去人欲”的批判，形成晚明一股不可抗拒的社会思潮。另一方面李贽所谓的童心说，认为“诗非他，人之性灵之所寄也，苟其感不至，则情不深；情不深，则无以惊心而动魄，垂世而行远”，直接影响了以袁宏道、袁宗道、袁中道为首，反对前后七子复古主义的公安派，开创了明代的性灵诗派，是袁枚性灵诗的启导者。

袁宏道《龚惟长先生》倡导“真乐”，他说：“目极世间之色，耳极世间之声，身极世间之鲜，口极世间之谭。”正是明代士人突破理学的篱藩，放纵欲望，追求世间声色和美味的具体表现，也是“食色，性也”的实践。“食色，性也”反映当时在文学上，出现了一系列的艳情小说，另一方面则是明清文士饮宴酬唱的雅集，追求人生快乐享受。诗人高启《送唐处敬序》说：

> 余以无事，朝夕诸君间，或辨理诘义，以资其学；或赓歌酬诗，以通其志；或鼓琴瑟，以宣湮滞之怀；或陈几筵，以合宴乐之好。虽遭丧乱之方殷，处隐约之既久，而优游怡愉，莫不自有所得也。

“陈几筵，以合宴乐之好”，优游怡愉是明清文士所追求的真乐。张岱《陶庵梦忆》有篇《蟹会》的小品：

> 食品不加盐醋而五味全者，为蚶，为河蟹。河蟹至十月与稻粱俱肥，壳如盘大……掀其壳，膏腻堆积，如

> 玉脂珀屑，团结不散，甘腴虽八珍不及。一到十月，余与友人兄弟辈立蟹会，期于午后至，煮蟹食之，人六只，恐冷腥，迭番煮之。从以肥腊鸭、牛奶酪。醉蚶如琥珀，以鸭汁煮白菜如玉版。果瓜以谢橘，以风栗，以风菱。饮以玉壶冰，蔬以兵坑笋，饭以新余杭白，漱以兰雪茶。由今思之，真如天厨仙供，酒醉饭饱，惭愧惭愧。

张岱的祖父张汝霖，曾在杭州组织饮食社，品尝各种美味佳肴，撰成《饕史》，后经张岱修订为《老饕集》。明清文人不再视饮食为俗事，而是一种闲情逸趣的生活艺术，将他们的饮馔经验，撰成食谱，这是《四库总目提要》立"谱录类"，将饮馔之书与其他文人生活艺术并列的原因。袁枚《熊庶泉观察序》所谓"得一味之佳，同修食谱；赏半花之艳，各走吟笺"，将饮食与吟诗相提并论，不过他又说"调鼎衣钵，难传粗粝之儒"的原因也在此。

守着书店的日子

一

我又换了工作，下海经商了。

我原来在台北附近的双溪教书。到双溪中学教书很偶然，而且是毛遂自荐的。我到双溪看朋友，发现这里有青山有绿水，环境很清幽。在朋友家的后门隔河相看，河那边山旁有个学校，于是我就过桥到学校看看，当时正在放暑假，只有校长留守，而且校长是新换的。恰好我身上带了张临时毕业证书，我说想到这里来教书，他接过我的临时毕业证书，对我说等等，就出了校长室，没到五分钟，就拿了张写妥的聘书递给我，并且笑着说以后请多帮忙，我带着聘书回台北，向原来服务的单位上了个“请辞，乞准”的报告。就到这里教书了。

开学以后，才发现这个小镇虽然宁静，学校里却不平静。生活非常单调寂寞，入冬以后常下雨，同事放了学无处可去，窝在宿舍里没事干，百无聊赖，就告校长。我去了不到一年，就告掉三个校长，其中还包括一个督学代校长，就这样我成了“三朝元老”。由于我教书的口碑不错，而且不参加斗争，很有人缘，还当了训导主任。不过，心想这个是非之地，非长久安居之所。

再说，当时刚结婚，妻在台北一家医院工作，为了回家方便，换了个大夜班，每天通勤，晚出晨归。虽然双溪距台北不远，却得坐一个半小时的火车，还得穿过很长的山洞，当时的火车都是烧煤的，车过山洞，车厢里烟雾弥漫，来回非常辛苦。因此，想再回台北找个工作。

恰巧我大哥的一位同学，刚接任一个书店的经理。这间书店是公家的附属机构。新创，缺少人手，他问我大哥，现在我在哪里工作，希望找我帮忙，担任他书店的门市部主任。我不知道书店的门市部主任做些什么。不过，当学生时常逛重庆南路的书店，书店门市很热闹，是卖书的。只是当时刚毕业不久，觉得自己没有什么雄心壮志，也没有伟大的理想，教书或从商，都是为了唊饭，没有什么两样，而且自己已经成家，养家活口是非常现实的。于是，我接受了这份工作。

不过，我们的书店不在书店聚集的重庆南路，而在僻静的延平南路武昌街口，靠近中山堂，上任之后，才发现是个光杆的门市部主任，既无业务员，也没有工友，凡事都得一脚踢。上午九时开店，到晚上九时歇店，都得枯守在店中。所谓枯守，书店的门面不小，但书的种类不多，不要说买书，来翻书的人都很少，我只是坐在柜台内，手托着脸，眼看着店外走廊过往的行人。当时为妻上班方便，在小南门医院附近陋巷中租间违建屋，每天早晨骑着破脚踏车穿过中山堂广场，到书店下了店门，然后，用抹布擦擦书架玻璃的灰尘，然后，到后面烧壶开水，沏杯茶，坐进柜台燃着一支烟，翻开昨夜阅读未完的武侠小说，继续看下去，单调孤寂的一天又开始了。我守着书店，守着中山堂过了一年。

二

当年的中山堂是台北市的心脏，前对博爱路，右边是衡阳街。当时的博爱路上大绸缎庄一间接一间，都是山东人的生意，店里的伙计说话都带青岛味，服务的态度，还有过去北京做买卖和气生财的遗风。衡阳街虽然不长，却是台北市最热闹的街道，银楼、百货商店集中在这里，在衡阳街和博爱路转角处还有家百货公司，楼高四层有电梯，是当时台湾唯一有电梯的百货公司。外地人来台北必逛衡阳街。衡阳街上人来人往，夏天男士多戴大甲草帽，女士撑五颜六色的花阳伞，半高跟鞋，婀娜多姿。当时就有位作家，写过一本《台北街头多丽人》的小说，那个街头指的就是衡阳街。如今衡阳街没落了，入夜后灯火昏暗，往日的风韵已无处觅寻了。

中山堂后向中华路，中华路自中华商场建妥以后，八幢大楼一字排开，从北门到小南门，台北市又出现了一道发光的城墙，各种不同的小百货商店向这里辐辏，各种不同地方风味的餐厅向这里集中，尤其在新生大楼扩建后，楼下的新生大戏院开幕，入夜之后，这一带地方灯火辉煌，人声与过往火车声交织在一起，成为当时台北市最嘈杂也是最有活力的地方。逛罢衡阳街到中华路吃饭，成了台北或外地人到台北休闲的例规。过了中华商场，跨越铁道就是西门町，当年台北的电影院和娱乐场所都在这里，原本就是台北市繁华的所在。

在各种不同的声色灯火环绕里，历经沧桑沉默伫立在那里的中山堂，就显得陈旧苍老多了。不过，这座似在现代建筑群中遗留下来的古厝，却自有其历史的光辉与尊严。象征台湾光复，对日本的受降典礼在这里举行，自此以后，日本殖民的统治沉淀到历史里去了。虽然，到现在还有极少数人，陶醉在皇民化的残影里，但毕竟去年的黄历不能翻了。历史是历史，现实是现实，不能等同视之，拿高尔夫球杆当武士刀耍，那是非常可笑又可悲的事。

中山堂虽然陈旧，但当年台北没有容纳人数众多的室内集会场所，所以许多重要的集会都是在这里举行的。当年我们大学毕业典礼，学校因为我们人数多，没有礼堂，就借中山堂举行。但我们的毕业典礼，没有学士袍、没有鲜花，也没有家人的祝福，一袭黄色的青年装，那是当年的校服，像平常赶到学校上课一样，在宿舍喝完稀饭，就到公馆搭公交车去中山堂，参加毕业典礼，没有喜悦与兴奋，当然也不记得谁主持典礼或祝福我们鹏程万里了。然后典礼完毕，我觉得非常平常，就像读小学时中午放学回家吃午饭一样平常，最后大家麇集在中山堂大门外面拍照留念。我想算了，这么多人也不缺少我一个，趁着人还没散，不如先到中山堂的大众食堂，来一客火腿蛋炒饭吧。

从中山堂侧门进去，一间理发厅，理发的都是上海来的扬州师傅，很多达官贵人是这里常客。转过去就是大众餐厅了。餐厅供应简单的酒菜和客饭，还有炒饭与面点。价钱很大众化。当时逛西门町时，常在这吃价廉物美的火腿蛋炒饭，其他的吃不起，这里的火腿蛋炒饭两块五角一碟。火腿切成极小的细粒，蛋散碎，饭粒粒晶莹剔透，而且现炒。端上来后香气扑鼻，的确是穷学生苦中作乐的一种享受。犹忆儿时随父母乘津浦线的绿皮火车，车上餐车有蛋炒饭出售，上车后等待的就是一盘蛋炒饭。那盘蛋炒饭的味道，与中山堂大众餐厅极似，不意在此，竟重拾儿时的旧欢。

中山堂的餐厅由联勤总部承包。当年联勤承包的餐厅厨师来自励志社。励志社在火车站状元楼旁，专供高级人员的住宿和餐饮。励志社提供的是以江浙菜为底的京苏大菜，我有位厨师朋友周阿芳，就是出自励志社。他出来后在金华街开过芳园，他在江浙菜行里的辈分很高，所作米线黄鱼羹、红烧鲨鱼、秃肺极佳，后来江浙菜在台北流行，励志社有推动之功。中山堂餐厅也包办筵席，我曾在二楼参加过一次同学结婚的喜筵，其火腿羹养鸡，汤清见底，而味醇香，事隔多年，记忆犹新。

中山堂门外的广场很宽敞，因为时常有重要会议在这里举行，有宪警把守，车辆不得通行。所以周围没有店铺经营。广场左边的角落有座中山先生的铜像孤独地伫立着。塑像旁有幢两层楼的洋房，是美国新闻处的图书馆。我到新生戏院看电影，买了票等开场时，会到这里翻翻杂志或书报。一九五七年五月二十四日，刘自然事件发生，这个图书馆被愤怒的群众砸烧了。

刘自然事件是这样发生的，当时美军顾问团的士官长雷诺卖美军福利社的物资，谋杀了合伙的中国人刘自然，当时的美军顾问团的官兵，享有治外法权，经他们自己组成法庭审问，二十四日上午宣判，雷诺仅罚劳役若干天。因此，激怒了民众，砸了美国大使馆，烧了美国图书馆，满街追打美国洋人，不过，却很有风度，只打美国男人，不打美国女人。这是过去半个世纪以来，最具有民族意识的刘自然事件。

当时我们的西洋史教授到中山堂看了这场“暴民”的举动。他后来说愤怒的人民在图书馆外面与军警对峙，最后民众冲破封锁线，军警开枪，有人受伤，民众后退，然后再集结，终于冲进图书馆，书一本本地从窗子里抛出来，接着烟与火苗从窗子冒出来，民众欢呼，军警向空鸣枪，消防车扯着喇叭赶来救火……最后，他说大家该去看，法国大革命的巴黎暴动，可能就是这样的。所以，他特地带他的孩子去看这个历史的场景。

美国图书馆被烧了，空了些时日，不知为何山西餐厅搬到这里来，门前装置了斗大字的霓虹灯招牌，有刀削面、猫耳朵、熬鱼、过油肉，冬天有紫铜火锅涮羊肉，伙计吆喝，食客举杯喧笑，也许历史就是这样的，再没有人记起当日屋外群众的怒吼了。

三

和博爱路、衡阳街的热闹繁华相较，我的书店所在的延平南路就冷清多了，这条街多是些公司行号，开门做生意的，似乎只有我的书店，书店斜对面的是赵大有。赵大有是间上海弄堂式的饭店，只占半间门面，中午烧妥的菜一字长蛇摆放在门前的案板上，也可以炒几味如红烧划水、砂锅小黄鱼，都是江浙家庭口味，到那里吃饭的，都是附近上班的单身汉。赵大有可能是老板的名字，老板四十来岁，坐在摆菜的案板后面，笑容满面地招呼客人。我往往站在路这边向对面一喊，一会儿一碟炒饭或粗炒面，外加一碗豆腐羹加卤，就送过来了。送饭的是个矮胖的五十来岁的老人，一头花白的头发，一口浓浊浙江话，有时他来收碗盆，我们会聊几句，有天送饭来的是个十来岁的孩子，我问老者呢。那孩子说前一天脑中风死了。我心里难过了好一阵子，因为每天说几句话的人也没有了。

当初这书店由我一人独守，进得店来成一统，我真的君临天下了，书架上排满了书，而且各有分类，柜台里堆的新到还没有开封的书。可是却没有人来买书或看书，我终日和这些沉默的书为伴，称得上独拥书城了。记得刚考上大学初进图书馆，看到架上列的图书，一阵欣喜，回到宿舍拟定计划要遍读架上的书，但去了几次，三天打鱼两天晒网，然后在日记里几句悔恨自己不用功，再画几个惊叹号之后，连图书馆也不进了。每年寒暑假回家，总会带一摞书回去，都是怎么带去怎么带回来，假期结束回学校，临行父亲都会说："这样带来带去，你不累吗？"所以，我发现自己不是念书的材料。现在面对满屋的书，却是书我两不涉，而且哪有卖书去读书呢。不过，书我是读的，读的是武侠小说。

我读武侠小说的历史不算短，当年犯案解台北，进了号子，在号子里发现半本残破不堪的武侠小说，是前面难友遗留下来的，没头没尾，也不知什么名字。铁窗漫漫不知蹲到几时，生怕读完了，每天只读几行，读完了再读，读了好多遍，我还是没有出狱。那小说的内容如何，完全不记得，只记得是用文言写的，文字很不错。出狱后，父亲一再告诫要潜心向学，就和武侠绝了缘。后来大学毕业在凤山受入伍训练，一日下午在操场上大课听训，不知何处传来一本王度庐的《宝剑金钗》，一口气读完。但只是其中的一本，也不知前情如何，后事怎样，于是晚饭后搞一个外出证，到凤山街上租了一套，以后课堂上课、野外出操就没有那么无聊了。

我在书店工作的日子，正是台湾武侠小说盛行、名家辈出的时候，卧龙生的《惊虹一剑震江湖》《飞燕惊龙》，司马翎的《关洛风云录》，诸葛青云的《一剑光寒十四州》，古龙的《孤星传》，都脍炙人口，人手一册。武侠小说在这个时期风行，不是没有原因的，因为当时物质生活条件窘困，前途茫茫，人心苦闷，武侠小说可以使读者暂时超越现实世界，进入一个清幽脱俗的山林境界，胸中有多少不平事，都托付给那个玉树临风、倚剑行走江湖的少年侠士了。至少我当时读武侠小说的心情是这样的。这时诸葛青云的《夺魂旗》刚上市，腥风血雨，最后也不知江湖上出现了多少面夺魂旗，颇令人着迷。诸葛青云文笔清雅，行文间出现的诗词不俗，我颇喜好。恰巧一个和书店有来往的印刷厂，正在印刷他的《铁剑朱痕》，印刷厂先装订两本，一本给我，一本赶送中兴新村，因周至柔也在等着看。最初装订的几本很快就读完了，然后读校稿，最后竟将诸葛青云手书的原稿送来，原稿字迹娟秀不苟，读起来非常舒服。

我守着书店不能远离，偶尔有同学或朋友逛西门町，到店里喝杯茶，闲聊几句，常来的万家茂，当时他在医学院生理研究所，做完实验就来店里，等我打烊后，骑车经过中山堂，回到我陋巷的家中。家中家具仅有藤椅两把，各据一张，你追我赶地读起武侠来了。有时妻回娘家，我们往往读到邻家的鸡啼。有次，我们从店里出来，在衡阳街廊下的面摊坐下来，来了一碗馄饨汤，一盘猪头皮，又要了杯米酒，慢慢对饮起来。万家茂推杯说："这样看来看去，不是一回事，不如我们自己写吧。"于是，我们又要了几杯米酒，议论着写些什么，当时夜已深沉，衡阳街往来的人稀少了。背后的中山堂被黑影环绕着，似变得更苍老了，一阵风吹来，似隐隐地传来几声低微的叹息。

后来，我的确写了半本《沧桑剑》。因为我去了香港，他去了美国，没有写下去。几年后等他从美国回来，我也从香港回来，我们还谈起那本《沧桑剑》。万家茂非常有才情，除了他研究的专业，能诗、能文、能画、能拉钢锯琴，归来后，在台湾研究院工作，不幸因心脏病猝逝，算来迄今近二十年了。人生际遇难料，岂止沧桑而已。

记忆是把尺

记忆是把尺，丈量着走过的万水千山，衡度着以往的悲欢合离。只是年事越长，可惊异与激动的事越少，那把记忆的尺却越来越长了。

那日车过台大，司机突然发问：“先生，你知道台北的水饺，哪家好吃？”此问甚是突兀，水饺与川味牛肉面，早已纳入民间饮食系统，种类繁多有售，只是要吃到像样合口的，却已难觅。我答：“你说呢？你台北跑的地方多。”他用手向旁边的路一指，说：“那边，大史。”接着又说：“过去是手擀的皮，现在机制了。不过，馅还是一样。猪肉牛肉都好吃，而且便宜。”我说：“大史吗？我吃过，只是很久没有去了。”

于是，晚饭我们去了大史。这一带我们是熟悉的。当年她读国防医学院，我念台大，常穿过万新铁路去找她，相伴到河畔看落日。万新铁路拆了，成了现在的汀州路，原来的水源地车站也扒了，留下一大片空地，成了小吃摊集中的地方。入夜之后灯火灿然，热闹嘈杂起来，台大学生的生活也活泼丰富起来。后来，这里被学生吃出个“大学口”。

我在外漂泊了一阵，又回来教书，租的房子就在旁边巷子的大楼。赁屋在此，为的是上课方便，不会迟到，不过，也有例外。一日醒来，已是八点，离早课的时间只有十分钟。于是，披衣而起，抹了把脸，夹着讲稿，往学校跑，赶到后面新生大楼，已经上课了。我脑子一片空白，竟然记不起上课的教室，从走廊这头走到那头，每一个教室都有人讲课。最后看到一个教室，似班代表的青年，在讲台上宣布些什么。心想就是这里了。

于是，推门走进教室，整个教室顿时静下来，百只眼睛望着我。我拣了个前排的位子坐下来，向讲台上迟疑望着我的青年人说："你讲，你讲完了，我再讲。"其实当时我的年纪也不大。于是那青年人滔滔不绝地讲下去，并且还在黑板上写了很多符号。我定下神来，发现他讲的是微积分，这才发现自己跑错了教室。我立即站起身来，说了声："对不起，我走错了教室。"然后踉跄出门，身后响起一阵哄笑。这才猛然想起我的课在普通教室，不是新生大楼。

就这样，我在这个学校滥竽充数，误人子弟三十多年。三十年是一世，不是短时间了。如果合着初来的时候，当大一新生计算，我的学号是四十二头的，到现在恰恰五十年，五十年是半个世纪。五十年风云变幻，有许多的事都沉淀到历史里去了。我隐藏在这个宁静的角落，冷眼观察，人来人往，载沉载浮。的确有很多事可回忆的，虽有时我会离开这里，出外云游，最后还是回到最初起步原点。因此，这里是我生活的圈子，“大学口”是生活环节的重要一环，只是退休后这几年很少过来了。

一个学校附近，如果没有书店或饮食店，学校就像座冷清的庙，生活是非常寂寞和单调的，连逃课也没有一可流连的地方。离开之后，真的是春梦了无痕，连点可记忆的事物都没有。好在这里有个“大学口”，还可以捡拾到一些过去生活的碎片。

当年我初来的时候，当然没有“大学口”，走五步就可以过罗斯福路。有路八号公交车可到市区，但隔很久才有车来，等车一来，大家都喊“八路来了”，其名颇为敏感，因而改为四路。但四路又触及忌讳，于是四路改成零南路。就在公交车改名的时候，“大学口”就出现了。

“大学口”出现的时候，大史的违建已伫立在路旁了，记得门前还有棵树，现在那棵树，因为拓宽马路被挖了。老板是个四五十岁的山东老乡，他家的饺子个大，油大，皮薄却有咬劲，且价廉。除了饺子，大史还有炸酱和打卤面也不错，面是自擀自切的。这里的饮食店开开关关，竟然撑到现在，真是异数。

我们进得店来，店里的陈设，一如往日那么简陋，两张木板桌子，靠墙搭着木板是散座。我们拣了近门的一张桌子坐下，要了三十个饺，一半牛肉一半猪肉的，只是数量不像以前吃得那么多了，另外又叫一碗蛋花汤，结账只有一百二十元，真的价廉了。于是，我问灶上料理饺子的中年妇："大史开了这么多年，换过老板吗?"她说她不是老板，说着用手一指："是她。"我看过去，也是个中年妇人，正在案上切面。是的，大史已薪火相传到了第二代。只是在灯火辉煌的夜市里，显得有些单薄。

出得店来，就去对面的咖啡馆喝杯咖啡，没有登楼，坐在靠街的长几上，隔着落地的玻璃窗，看着窗外的街景。现在"大学口"夜市开始了，人车壅塞，看着许多年轻人在我们面前走过，他们喁喁相拥而行，或一群人相扶着向天狂笑而过，现在他们都年轻，没有什么可回忆的，正像我当年把酒瓶掷向蓝天的年纪。我看着对面的皮鞋店，当年是沙爹火锅的门面，突然想起店里的阿美来。那个胖胖的两眼灵活的小姑娘，非常讨人喜爱，每次去的时候，总是选几碟肥腻的牛肉给我们，于是我放下咖啡，问旁边的太太："阿美可能已经长大了。"太太笑道："岂止。"

平常的日子，平淡的生活，回忆都变得琐碎了。

饿与福州干拌面

那一年，该是一九五六年，我大三的那个暑假。不知谁说的，大学是人生的黄金时代，但到了大三，已是夕阳无限好了。因为过了这个暑假，到了明年骊歌唱罢，出得校门，就前途未卜了。

所以，那个暑假留在学校没有归家，只是为了享受一枕蝉咏，半窗斜阳，却挨了饿。暑假宿舍人口流动频繁，伙食费五天一缴，虽然为数不多，但钱已被我用罄，而且庭训有示，出门在外，最忌向人借贷，于是，我就挨饿了。

饿是啥滋味，我过去曾在课堂上问过学生，他们瞠目以对，然后我说我们那年月都挨过饿。他们竟说我运乖，没有遇到个好爸爸。的确，挨饿的经验我是有过的。少年随家人在敌人的炮火下，仓皇逃难，一两天没饭吃是常事，喝一口山涧水，就一口蒜瓣就顶过去了。人说生蒜瓣可以解毒。

后来因事被捕入狱——其实我被捕也不是犯了什么大案，只是在课堂上写“致前方将士书”，出了岔子，当时我的确犯了严重的“左倾”幼稚病。小小十六岁的年纪就唱了“男起解”，从嘉义递解台北，在里面蹲了三个月，尤在台北号子里的那段日子，真正尝到饿的滋味。

当年大家都在穿拖屐的日子，生活都过得艰窘，但监狱的牢饭更差。不过，嘉义的牢饭大概还保留日据时代的遗风，是一木制的小饭盒，人各一份，是杂夹着番薯签的糙米饭，饭上有块咸鱼和一撮菜脯，或酱黄瓜之类。最初常被提审，往往误了饭顿，同室难友怜我年幼，把饭盒留下，等我受审回来吃。他们围坐我身旁，关心地摸摸我，问我受刑了没有，我扒着满嘴的冷饭，摇摇头，眼泪落在饭盒里。

发誓不再吃黄萝卜

台北的牢饭不如嘉义的，一日两餐，糙米饭一碗，倒是一菜一汤。菜是薄薄的黄萝卜两片，贴在饭上，汤是白水煮咸菜，无油无盐，几片褐色的咸菜叶子浮沉在白水中，入口一股腥臭，早上八时、下午四时送进栅槛内，无油无盐，饭入饥肠，很快就饿了。饿了就睡，醒了就扶铁栏外望，铁栏外是条走廊，走廊外的墙上仅有一扇窗子，窗子被铁栅钉死，透过窗子空隙，可以看到一小片天空，那时正是十二月的天气，天灰蒙蒙的，而且常落雨，窗外有枝枯枝，在风里摇曳，串串雨珠自枯枝滴下来。

一日，父亲托人辗转送来两个山东大馒头。山东大馒头白净圆润，抓在手里沉甸甸的，除了充满亲情的温暖，更可以解饿，立即就与难友分食了一个，另一个放在枕边，准备次日大家再分食。没有想到睡到夜半，枕边蠕蠕蠢动，待我惊起，馒头已被老鼠叼到走廊上去了。狱里鼠辈横行，老鼠壮硕似猫，且不避人。那畜生双爪扶着馒头，歪着头双目圆睁瞪着我，和我日后行走江湖所见，鼠辈都在暗地里索索，完全不同。这畜生明目张胆对着我，我们隔着铁栏对望，最后它唧的一声，拖着馒头跑开了。夜已深沉，偶尔邻号传来受刑后痛苦的呻吟，和有冤难申沉重的叹息或呓语。

在那里蹲了两个多月，出来后，我发誓不再吃黄萝卜那种东西，不过，却练得无菜干吞白饭的功夫。

现在我真的挨饿了，而且没有任何逼迫，自由自在挨饿，真是一钱逼死英雄汉。想到孔子当年在陈绝粮，竟歌弦不辍，老夫子真有一套挨饿的功夫。于是整衣端坐，掀书而读，但读了不到两页，但觉字行摇晃。前胸贴后心，腹内油煎火燎，一个字也读不下去。心想肚子是盘磨，睡倒不渴也不饿。不过，睡前还得填填胃，于是拿了漱口杯，到隔壁洗澡房，对着水龙头，灌了几杯自来水，回到寝室，立即上床睡觉。虽说水可压饿，但喝多了也不好受，水在肚子里晃荡，平躺也不是，侧卧也不行。室外蝉鸣声噪，反复难眠，突然想起今天是我自己的生日，于是一跃而起，想到早晨买新乐园，还剩下五毛钱，出得校门，买了张公车票，到小南门。我女朋友在小南门医院实习。见了她就说："今天是我生日，你得请我吃碗面。”她一听笑了说：“怎么，又花冒头了？”于是，她换了工作服，陪我到医院门口的面摊吃面。

那个小面摊开在小南门旁的榕树下，依偎着榕树搭建的违章建筑，是对福州夫妇开的，卖的是干拌面和福州鱼丸汤。虽然这小面摊不起眼，日后流行的福州傻瓜干拌面便源于此。但福州傻瓜面和这小摊子的干拌面相较，是不可以道里计的。福州干拌面的好与否，就在面出锅时一甩，将面汤甩尽，然后以猪油葱花虾油拌之，临上桌时滴乌醋数滴，然后和拌之，面条互不粘连，条条入味，软硬恰到好处，入口爽滑香腻，且有虾油鲜味，乌醋更能提味。现在的傻瓜面采现代化经营，虽然面也是临吃下锅，锅内的汤混浊如浆，锅旁的面碗堆得像金字塔，面出锅哪里还有工夫一甩，我在灶上看过，也在堂里吃过，真的是恨不见替人了。

我连扒了两碗到第三碗时，才喝了口鱼丸汤。抬起头来看见坐在对面微笑的她，说了句：“大概可以了。”后来她成了我太太，四十多年来相持相伴，生活虽然清贫，却没有再饿着。太太是湖南人，在西安长大，习惯各种面食，但不喜吃面条。我丰沛子弟，自幼漂泊四方，对于饮食不忌不挑，不过自此后，就欢喜这种福州干拌面了。

好吃的福州鱼丸难寻

一九四九年逃难到福州，在那里住了快半年，并且还混了个初中毕业文凭。当时兵荒马乱，币值一日数贬，后来不用纸币改用“袁大头”，或以物易物。拉黄包车的早晨出门带把秤，车价以米计，拉到天黑就回家，车上堆了大包小包的米。我当时住校，每周回家，返校时母亲就给我一枚金戒指，作为一周的食用。我记得当时一斤肉七厘金，一碗面是三厘，有各种不同浇头的福州面，有鸭、蚵仔（蚵仔是现剥的）、黄（瓜）鱼、螃蟹，等等，面用意面，下虾油与面汤共煮，味极鲜美。不过，我更佩服老板剪金子的功夫，一剪刀下去恰恰三厘，不多不少。后来来台湾一直怀念福州面的味道，早年胜利的海鲜米粉尚有几分余韵，现在已经没有了。不仅台北，我曾两下福州，也没有吃到那种风味的福州面。不过，在福州却没有吃过福州的干拌面。不知台湾的福州干拌面，是否像川味牛肉面一样，是在地经过融合以后，出现的一种福州味的干拌面。

台湾是个移民社会，当年从唐山过台湾的福州移民并不多，但福州的三把刀：裁缝的剪刀、理发的剃刀、厨师的菜刀对当年台湾社会生活影响很大。现在三把刀已失去其原有的社会功能，只剩下干拌面和鱼丸汤，融于人民的日常生活之中。台湾流行的干面，除福州干拌面外，还有盐水的干拌意面、切仔干拌面及炸酱面。这三种拌面用的面料各有不同，意面来自福州，切仔面的油面，传自泉漳与厦门的闽南地区，炸酱面用的是机制的山东拉面，很少用手擀的切面。我曾在厦门一个市场，吃过下水切仔拌面，用的就是油面，味极佳，面中也以韭菜绿豆芽相拌。福州干拌面用的是细面，现在称阳春面，阳春面名传自江南，取阳春白雪之意，即所谓的光面。

福州干拌面虽平常之物，但真正可口的却难觅。后来在宁波西街南昌路横巷中寻得一档，是对福州中年夫妇经营的面摊，由妇人当炉，别看她是个妇道人家，臂力甚强，面出锅一甩，面汤尽消，清爽，十分可口。男的蹲在地上搅拌鱼丸浆，是新鲜海鳗身上刮下来的，然后填馅浮于水中，他家的鱼丸完全手工打成，爽嫩，馅鲜而有汁，吃福州干拌面应配福州鱼丸汤，但好的福州鱼丸也难寻。我在这家面摊吃了多年，从老板的孩子围着摊子转跑，到孩子长大娶妻生子，后来老板得病，摊子也收了。

日前，太太去法国旅行，夜里打电话回来报平安，并问我早上吃什么。我说去市场吃碗干拌面。我家附近的小菜市场有家卖干拌面的店，老板矮矮胖胖的，五十来岁的福州伯，后来得急病死了，面店由儿子接手，经过五六年才练得他父亲下面的功夫。每次我去，他都说声照旧。所谓照旧，是一碗干拌面，配一碗馄饨汤另加一个嫩荷包蛋，面来，将荷包蛋移至面碗中。与面同拌，蛋黄渗于面内，又是另一种味道。

吸烟室怀想

自航机禁烟，不再远游，后来更扩大机场全面禁烟，真是举步维艰。所幸法外施情，机场辟了吸烟室，使我们吸烟的有了个仰天长啸的空间。

一

吸烟是损人不利己的恶习，何时染上，已不复记忆，只是由来已久，积习难返了。

当年初到台湾，暂时无书可读，青黄不接，随表哥在嘉义喷水池敲“袁大头”。所谓敲，是两枚银圆置于手心中敲弄，叮叮作响向人兜售，警察来时，脱了木屐，光着脚丫子奔窜。敲大头生意不恶，但货要到台南去贩。到台南贩货，宿于小旅馆中，坐在榻榻米上倚窗外望，窗外灯火灿然，熏风习习，伴着木屐声响，偶尔传来按摩断续的凄婉笛韵……这时表哥会燃着一支烟深深吸一口，然后再点一支递给我说：“乖兄弟，呼一口。”我接过烟缓缓地吸一口，喷出的烟氛，在昏黄的灯光下沉浮，似已身陷在另一个江湖中了。

后来考上学校，却因案入狱，先在嘉义，然后递解台北，我真的坠入江湖了。在嘉义拘留所的时候，晚上值夜的是个五十来岁、矮矮胖胖的巡佐，皮带系在肚脐下，笑起来露出两颗金牙，他来接班时已经微醺，从腰里掏出一包老乐园，每个号子分四五支，他一面分烟一面说："白天绝对不可，现在听到外面铁门响，马上熄掉，查夜的来了。"说罢，回到自己位子抽起烟来，我们号子的四五个难友立即聚起来开始吸烟。最初我不参加，但难友中有个臂刺青龙的老大，是民族路的角头，"二二八"时的突击小队长，杀过人。他看我年纪细细就犯案，将来出去后找他，一定有"前途"。如果说出来后去找大哥，说不定真有"前途"，甚于日后的青灯黄卷。他要我也来吸烟，于是你一嘴我一嘴轮番吸着，不分彼此，有同舟共济的感觉。

后来递解台北，同号难友有个博爱路布庄的伙计，白白净净的高挑，斯斯文文的，但说起话来一口浓浓的威海腔，当时博爱路的布庄多是山东人开的。他因老板"犯案"被株连进来。所谓"犯案"就是后来所说的"白色"，而且多是大陆人。这也是我在大学住宿舍，很少和大陆同学共住一室的原因。那伙计既然被株连进来，他老板就在隔壁号子里，每周店里给老板送两次饭，他也同等待遇。每次送饭必有银丝卷两条，撕开银丝卷内藏小锡纸一张，内裹香烟五六支，火柴十余根，磷片一块，自火柴盒取下的，设想非常周全，想是买通了才走得进来的。

夜深人静时，我们挤在监房的马桶边吸起烟来，当时的马桶倒是抽水的，我们将马桶洗刷得非常干净，因为大家从那里接水喝。但吸食的方法和嘉义不同，是将吸进的烟，吐在一个美丽牌香烟的铁罐里，将盖子盖紧后，再轮到第二个人吸。因为这样免得烟味扩散，而且白天烟瘾大的还可以启开盖子再深深吸一口。我们沉默地吸着，不时发出不出声的浅笑，共享着一个短暂欢愉的秘密。

蹲号子没有什么好想的，没有期盼，只有等待。倒是释放后，却被一种无形的恐惧紧裹着，有时在教室上课，走廊上有陌生人走过，就会有一阵心悸。走在路上突然回头，看看后面是否有人跟监。所以那年暑假很长一段时间，我定时定点到兰潭去游泳，那里的蓝天碧水，山林郁郁，给我一个喘息的机会。我在家的居室四叠，临街。每当夜深人静时，有磨石灯的脚踏车从窗前经过，我就会从榻榻米上惊起，启开窗子一线外窥，长街寂寂，惨白的街灯下，有条拖着尾巴的狗走过。于是，我燃着一支烟在黑暗里吸起来。

事实上，这份黑资料一直跟着我，我在军中服役与初到社会工作，我的长官和上司曾用这份黑资料威胁我做他们的爪牙，监视我的同袍或同事。但被我断然拒绝了，心想，我岂是背后放冷箭的人！

二

我吸烟也开始买烟了。

当时烟分五等，最上者为双喜，依次是新乐园、（老）乐园、珍珠和香蕉。我吸的是香蕉，这种烟叶梗细切卷成的香烟，既呛且辣，却是当时外销中南美赚外汇的香烟。事实上，当时经济窘困，烟酒公卖局却是岁收最丰的机构，公教人员的薪俸由此而出。所以吸烟的人，对台湾经济发展也曾做过贡献的。

从零用钱省下来，买包香蕉，还可凑合，但藏烟不易。父亲将监督权交给母亲，母亲执法甚严，随时搜查衣袋和书包。一次临厕，母亲突然将厕门推开，骂道："死鬼，又吸烟！"我辩说没有，烟却从口中喷出，母亲说："没有？嘴里还冒烟。"我说是嘴里吐的热气。母亲说："胡说，大热天嘴里哪能吐热气！"有一晚夜游归来，叼着香烟回家，家门前的路灯坏了，等我走到家门，父亲刚好站在黑影里，我立即转身回头就走，等我在外面转了几个圈再回家，刚进家门，母亲站在玄关上，劈头就是一巴掌，骂道："不学好，不上进，学吸烟！"

我的确不学好，不上进，高中临毕业终于留级了。留级虽然平常，却损了我年少英雄的颜面，而且父母的叹息，亲友的白眼，我似乎真的不堪造就了。因此颇能知耻，晚上和同病相怜的同学混了回来，就悄悄挑灯夜战，一盏昏黄的灯，一本翻来覆去的破书，一支香烟相伴到黎明，我的夜读连住在楼上的父母也不知道，后来我侥幸考上学校，而且能考上大学，不仅许多人，包括我自己都感到非常的意外。因为我们的姓少，报上发榜时只有名字没有姓，直到接到学校的通知，才肯定自己录取了。尘世功名虽然获得，但我吸烟成瘾了。

到台北上大学，有更宽广的吸烟空间，却遭遇新的限制。我谈恋爱了，女朋友非常反对我吸烟，常为这区区小事争吵。有一晚漫步椰林大道，又起了争执。心想何必呢！于是将刚买的一包新乐园从口袋掏出来，决绝地丢弃了。并且说不抽了，不抽了。但等送她回学校，我又回到弃烟的原地，在黑暗中摸索，夜已深，除了小草上沾满凉凉的露水，什么也没有，我默默坐在石阶上怅怅良久。后来我们结了婚，她渐渐容忍我这种不良的嗜好，前些日子，她还说："想想也是，这些年你除了读书，嘴馋，也没有什么嗜好，只有这个坏习惯。"只是在她清理房间时，对我掉在地上的烟灰，仍有烦言。不过，我却感到深深抱歉，这些年她吸了不少我的二手烟。

毕业后服役，分发到马公海军军区服务。当时"八二三"炮战爆发，马公军区是海军的前线，运补备战，刁斗森严。我们部队的任务特殊，弟兄派到各舰艇服勤，留在岸上的都是老弱病号。我到任就代理指导官，上任指导官被弟兄们赶回左营了。所以在队上队长是老大，我是老二，当时吸的是军烟，军烟分为“八一四”和“七七”两种，我们吸“七七”，往往配量不足，还需外购。但季风来临，海上风浪过大，后方补给不到，我们就断了粮。于是，队长和我就将搜罗的烟蒂剖开，燃一小炭炉烘焙烟丝，然后加麻油数滴，卷而吸之，也是一乐。

所以，最初吸烟不拘品牌，当年在香港新亚研究所读书，后来又留所研究，有位学长不吸烟却搜集烟盒，常常晚饭后逛街，他指着烟摊的烟盒说：“这个盒子我还没有。”于是我就买来抽，抽完将盒子给他。香港华洋杂处，世界各地的烟都有，最贵的和最便宜的鸡尾烟都抽过，所谓鸡尾烟是用不同的烟蒂混合卷成的。吸烟是习惯，日子长了，变成生活的必需。那年我到日本京都大学人文科学研究所挂单，到达的第二天早晨出得学寮，独自到附近小街溜达，竟用学得的仅有几句日语，买到了一包烟，心中大乐，这一年在日本，一半的生活解决了。

虽然，我抽香烟，但不希望年轻的孩子误入歧途学抽烟，退役后我在台北乡下一个初中教书，不久又兼了训导主任，管理学生要务之一，就是严查学生抽烟。一次到福利社突查，抓到一个班上的学生抽烟，我将他带回来，吩咐班长到街上买两包双喜烟，并将两张课桌排在讲台前，我们相对而坐，教他抽烟，并向全班示范。我教他吸一口吞一口，这样三数口下肚，他就晕了，眼泪鼻涕横流。于是，他说："老师，我这一辈子不再抽了！"然后，我微笑走上讲台说："烟也不是这么好抽的。我不学好，不长进，染上这种坏习惯，才流落在这里，真的没出息。所以，希望你们绝不要走上这条路！"

真的是言教不如身教了。后来在大学滥竽充数，最初比较紧张，日夜备课，肠胃不适，日渐消瘦，体力不支，于是去看医生。医生说可能得了十二指肠溃疡，并且警告我说："不能抽烟。"说罢，他给了我支烟，我豫疑，他笑着说："刚刚是医生讲的，现在是朋友给的。"我们很熟，他当住院医师时，我在他宿舍里抽着烟你追我赶地看武侠小说。后来他成了名医，济人无数。

因为得了肠胃病，有大半年的时间喝流质，到校上课，背着个太太冲妥牛奶的小暖瓶。在课上讲一段就坐下歇歇，喝一杯牛奶抽一支烟。自此我在课堂上也抽烟了。有次我正坐下来抽烟，突然发现阶梯教室后端在冒烟，有个小子竟然也在抽烟。寒假考试看过他的卷子，条理清晰，可教。所以开学后要他准备考研究所。那时他还是大三的学生。后来他接受我的"熏陶"，三十多年一直维持着亲密的师生情谊，那年我退休，他集合几个被我"熏陶"过的弟子出了论文集，名曰《结网编》。其中一个弟子说："每个星期一早上，老师上中国近代史学，下午上研究实习，往往是师徒相对，老师沉默吸烟，对话总断断续续。午后的文学院，老师在研究室抽烟的侧影，窗外天井的大榕树稀疏的影子和麻雀啁啁，成了我研究所三年深刻的记忆。”噫！香烟误我，我又误人。真是是非到此难梳理了。

三

年少不识愁，称烟是蓝色的悠悠，常有吐出烟圈，又吹散烟圈的惆怅，感叹人生如梦，梦似烟。后来走惯了风霜路，人生岂仅如梦似烟，更有盈缺炎凉，酸甜辣苦，行到此时，就想吸支烟。因为烟可遣忧抑郁，解乏去困，抗愤止忧，即使百无聊赖，一烟在手，任烟灰散落满怀，也是一种排遣。尤其人在长亭更短亭的逆旅之中。现在交通快捷，虽去天涯，也是朝发夕至，早已没有杨柳岸晓风残月的离情别绪了。但时空转换，人事难料，仍会有几许闲愁，这时更需一支烟了。前些时台北嘈杂，去了香江避静。归时机场候机，我又去了吸烟室。香港机场有大小不等的吸烟室散在各处，专为吸烟人准备的，我都去过，非常熟悉。

不过，我欢喜去的还是底层近咖啡座那个大吸烟室。吸烟室门向内开，很隐蔽，有幅巨大的落地窗，面向停机坪，可以看到蓝天白云和飞机的起降。室内很宽敞，散列着二十几张椅子，几张椅子前竖着一个烟灰缸，巨大抽烟机隆隆作响，不停地抽送室内缭绕的烟雾。我进得门来，虽然有被逐放被隔离的感觉，等坐下来吸一口烟，心情就平和下来。默默吸着烟，静静观察着四周。

吸烟室人来人往，川流不息，这些吸烟人风尘满脸走进屋来，有着前程未卜的焦躁和不安，等他们找个位子坐下，燃着一支烟深深吸一口，又缓缓吐出，情绪就渐渐安定下来。他们不分男女老少，肤色深浅，衣着华丽或简便，都比肩而坐。默默吸着烟，虽然有的结伴而来，同伙谈话也是低声浅笑，室内除了抽烟机声，与墙外的喧嚣相较，是宁静的一隅。这些吸烟人都是匆忙的过客，来自山南海北，各人心里都有自己的一片江湖，却在这里蜻蜓点水似的暂时留住了。我看见一个年轻的老外，一头蓬乱的金发，满脸络腮胡须，背负着沉重的行囊匆匆而来，坐下后从身上掏出支烟，竟没有带打火机，坐在他旁边的一位中国老者立即将自己的打火机递给他，他微笑着接过来，点着烟又微笑地还给那老者，真的“同是天涯沦落人，相逢何必曾相识”了。

台北机场也有间吸烟室，很小，只有六七个位子，后来者只有倚壁而立，甚至站在门边吸起来。而且有落地玻璃窗向着走道，坐在落地玻璃屋里吸烟，过往者侧目，吸烟人似关在动物园的兽栏里。我们低头吸烟，抬起头来就看到对墙一幅禁烟广告，上写着“禁烟者赤，近烟者黑”，下面画四个红到黑的大嘴唇，吸烟人唯一一点尊严也被剥夺了。不知我们生活的这里，何时变得这么官派而且刻薄了。

出得门来人半醉

我糊涂斋壁上悬有立轴一幅：

莱茵佳酿水晶卮，耳热酒酣共论诗。
我致君歌同快意，相逢转恨十年迟。
秘方煮酒满庭香，袋鼠尾肥炖作汤。
出得门来人半醉，柏林郊外月如霜。

字是沈刚伯先生写的，诗是一九六五年他到德国柏林自由大学讲学时写的。字和诗同样潇洒，我尤其欢喜最后两句：“出得门来人半醉，柏林郊外月如霜。”刚伯先生在自由大学讲学一年，讲的是“中国文化史”，并写有讲稿。这可能是刚伯先生教书近一甲子，唯一写讲稿的一次。他上课没有讲稿，做学术讲演也没讲稿，如黄河之水天上来，滔滔不绝。胡适就说：“沈刚伯了得，演讲不带稿。”

这份讲稿是英文写的，归国后于箧中被白蚁吞蚀殆尽，的确非常可惜。因为刚伯先生不设文字障，甚少着墨，晚年他开白内障，我接他出院，他坐在轮椅上说：“现在眼睛整好了，可以述先圣之遗意，整百家的不齐了。”他准备写三本书，《中国文化》《西洋文化史》和《中国史学史》，说到这里他哈哈一笑，说：“最后可能一张稿纸也没有。”的确，最后诚如所言，没有留下一张稿纸。

德国讲学的讲稿被蚀，却留下这首诗，没有想到刚伯先生在万里之外的异域，竟然遇到这样一位雅士，煮酒论诗，酒逢知己，就觉得相见恨晚了。酒罢辞出，也许那是个秋夜，一轮皓月当空，西风吹着刚伯先生伫立的华发和他的衣衫，此情此景不仅可以入诗，也可以入画。

刚伯先生是我的业师，那年台大历史研究所博士班初创，侥幸录取我一人。我的论文由刚伯先生、李玄伯先生、姚从吾先生共同指导，后来姚先生遽归道山，玄伯先生卧病在床，只剩下刚伯先生了。所幸这时刚伯先生卸下了二十一年文学院长的职务，少了俗务琐事，我有更多问道的时间，及和他共饮的机会。

刚伯先生善饮，深识酒中之趣，却不过量。一天他说：“昨天和沈宗瀚开了一瓶黑走路，两个人分着吃完了。”这时两人都是近八十的人了，真是酒兴不浅。刚伯先生自幼就饮酒。辛亥革命之时，武汉时局动荡，刚伯先生随家避居宜昌，岁尽年逼寒风凛冽的早晨，随他父亲买舟西上，入峡返乡度岁。刚伯先生在他的《辛亥武昌起义前后的见闻及其经历》说：

刚走到寇莱公遇难处的黄魔峡，便遇大雪，时已小年，来往川鄂商运早停，本地人出外的也很少，我们走了大半天，竟未遇着一只别的帆船，好像整个峡江为我父子独有。真令人感到寂寞的伟大。转念一想，伟大似乎避不了寂寞，人若臻“前不见古人，后不见来者”的境界，也就非怆然下泪不可了。

舟过鲤鱼潭，见有一小艇下碇滩头，一披蓑戴笠的渔翁正在船头“独钓寒江雪”，那种诗意画境使人俗念尽蠲。尤其有趣的是我们方过其旁，恰巧看到钓起一条重约两斤的鳊鱼，我们马上买来，催舟前进，至虾涪下，停舟取水，供炊晚饭。

在“千山鸟飞绝，万径人踪灭”，长江帆樯歇的时候，我们驾一叶之扁舟携匏尊以自随，汲亘古之名泉（蛤蟆的水曾经陆羽品为天下第四泉）。享缩项之细鳞，更佐以刚采自葛洲坝落地即碎之黄芽崧，与新得诸城内之陈年“莲花白”，把酒尝鱼，真快朵颐。

饭后，依舷品茗，赏雪色，听滩声，远望三朝如故之黄牛似一旦突变之白犀；悟逝者之未往，知真体之永存，别有会心，怡然自得，殆飘飘乎若神仙中人矣。

这是篇充满着诗情画意、溢蕴着酒趣的文章，意境逸雅脱俗，我读过不少古人诗酒的文章，却很少有这样的境界。这境界只有在中国山水画中寻觅，而且这种孤寂的宁静的境界，却在漫天风雪和悠悠逝水中悄悄转换着，面对此情此景，唯有杜康了。

后来刚伯先生遵医嘱戒了烟，但酒还是喝的，家里壁橱中贮酒甚丰，有时兴起，坐在客厅里，一杯在手，慢慢啜饮起来，我在旁陪着也饮几杯。他一面啜饮着酒，以低沉的声音，缓缓地说些学林的轶事趣闻。有次他说到当年他们有个猴会，参加的都是台大同人，皆属猴，老猴大猴小猴一群，常聚会在一起喝酒。刚伯先生说："你别看钱校长（思亮）说话慢，喝起酒来很爽快。还有李济，他喝酒太理性，后来得了糖尿病，吃东西都要用秤来称，就不喝了。魏火曜能喝，有趣，但是最后总喝醉……"刚伯先生说魏火曜喝醉酒坐三轮车回家，却说不清家的详细地址，三轮车拉来拉去，拉了一晚上，只好将他拉到附近的派出所去，派出所值班警员认得他是台大医院的魏院长，才把他送回家去。

刚伯先生说到这里，使我想起翁廷枢来。翁廷枢比我高一届，是当年政坛名人翁钤的侄子。外文系毕业，留系任讲师，中英文俱佳，且有才情，兼刚伯先生的英文秘书。翁廷枢是个好人，不知什么时候染上酒瘾，到最后每日必喝，每喝必醉，醉了就出言不逊骂座，我和他喝过几次酒，就是这样。

老翁因酗酒，干了多年讲师也没升等，朋友劝他到美国进修，但必须立下军状，到美国不能再喝酒。老翁到美国倒能修身养性，没事就钓钓鱼，却没有喝酒，不巧遇上一件令其不快的事，他一怒拍桌子说：“妈的，美国人没搞头。”于是大喝一场，立即收拾行李回国，在纽约登机，海关说他行李过重，他指着两个箱子说：“你要哪一个？”就拎一个箱子回国，回到家按门铃，太太启门大惊：“怎么不说一声，就回来了！”

翁廷枢回来喝得比过去更厉害。有次他请刚伯先生夫妇，并约我们夫妇作陪，我们五人在云和园吃饭。云和园是家云南馆子，吃到最后一道是砂锅家常鳝鱼，喝到这时，老翁已喝得把持不住，开始说酒话，我立即起身送刚伯先生夫妇下楼叫车，请他们上车回家。然后赶上楼与妻扶持老翁下楼。送他回家，车到他家附近，我问：“几巷？”老翁笑道：“嘿嘿，不告诉你。”车在他家的那条巷子来回好几趟，他不是说还没到，就是说过了，最后终于找到他家，送到楼上他家。后来，老翁死了，可能是喝酒伤身，在一个凄风苦雨的上午，我去参加他的告别式，老翁潇洒有才情，没有想到走得那么孤寂悲凉。

后来，王家小馆开了，在过去羽毛球馆后面一家宾馆的楼下。是四十四兵工厂的员工出来开的。四十四兵工厂，员工多湖北乡亲。四十四兵工厂的旧址，就是现在寸土寸金的信义计划区。王家小馆是家地道的湖北馆，其鱼杂豆腐、蓑衣牛肉、臭三鲜、珍珠丸子、剁鱼丸和其他蒸菜，还有豆丝、面窝、粑粑等小吃，都是刚伯先生的家乡俚味，陪沈先生出外小酌，又多了个去处。

一次在王家小馆，刚伯先生一面手撕着主人送的烟熏咸鱼，一面啜着樽中的陈绍说："一样的酒有不同的喝法。但不能落俗。当年初到台湾，大家生活艰困，却能苦中作乐，台静农他们就喝'花酒'，以花生米下酒。有时我经过他的研究室，也进去喝几杯。在座的除台静农外，还有屈翼鹏（万里）、孔德成、郑骞。郑骞喝不多，只陪着聊天，他们都是中文系的，历史系的夏德仪也常去讨酒吃。他们浅酌细语低笑，声不出屋外，虽是苦中作乐，其乐也融融。"

刚伯先生又说："当然，一样的酒，也可以喝出不同的人来。如果到饭店吃饭，就像小孩子一样闹起来了。台静农酒品好，酒量好，不争不吵笑眯眯的，可算是个酒仙。屈翼鹏酒量也好，但要大家磨半天，才一杯下肚，所以大家称他是酒棍。孔德成有意思，先是彬彬有礼，到后来站起身，一手叉腰，一手指着对方，喊着：'你喝，你喝，你得喝！'颇有霸气，称为酒霸。我们的夏德仪坐下来就找酒喝讨烟抽，大家都叫他酒丐……"刚伯先生一面饮酒一面说着，真的是煮酒论英雄了。"还有个酒侠呢？"我问。刚伯先生哈哈一笑，饮下一杯酒，却没有答我。"谁的酒量最好？"我又问。

“不在台大，是梅贻琦（曾任清华大学校长），他只喝酒，不闹酒，不论谁敬他酒，他都一饮而尽，真的是千杯不醉，可称酒圣。”日后我有机会得敬陪末座侍诸先生饮，诚如刚伯先生所言，但他们闹酒却不逞强，戏谑亦风雅，不似日后的那些后生喝得那么粗俗。

记得那年暑假，侍刚伯先生在福隆小憩，晚饭时，他兴致甚高，饮了些酒，黄昏时分，在海滨扶杖踏沙而行。后来他说这是他此生第一次赤足走路——也是一生唯一的一次。西天彩霞灿然，渔舟纷纷出海，海涛轻轻拍着沙岸，激起浪花朵朵，碧波深处，有数点渔火沉浮，海风习习，拂起刚伯先生萧萧白发。他御风而立，眺望海天，若有所思，真像他自己说的：“悟逝者之未往，知真体之永存，别有会心，怡然自得，殆飘飘乎若神仙中人矣。”

糊涂有斋

电影里常见的一个场景，镜头由近拉远，人在镜头里，由大变小，由小而模糊，留下一片空寂，状似苍凉，行话说是淡出。但淡出不是消逝，而是演员演罢一场戏，走下台来，变成观众，端看后来的人，如何接着演下去。

人生亦复如此，不论做什营生，干得如何红火，最后都必淡出。人生的淡出，就是退休。常言道“酒店打烊我就走”。酒店打烊，即使不知明日酒醒何处，杨柳岸晓风残月，纵有柳丝千条，也系不得行人住，走，终归要走的。怕的是该走却不走。走了，又硬要回头，醉呓连连，使人生厌。

我们教书营生的人，走下讲台，不再误人，就是淡出。记得我教罢最后一堂课，对学生说：“现在我教书生涯就要画下最后一个句点，就走下讲台了，虽然这个句点不怎么完美，但还是要画下的。”学生乍听，一脸错愕，然后响起一阵掌声，我向他们一鞠躬，感谢他们的不弃，竟能容忍我这么久。然后我转身擦黑板，似雪的粉笔灰，纷纷飘落在我满头似雪的白发上，等我再转过身来，偌大的教室，已空无一人，只剩下站在讲台上的我。窗外日照正明，蝉嚣断续。是的，现在我真的淡出了。

教书就是这样，寂寞的独白，孤独的往来，单调平静平常，很难兴起波澜的。于是，我下得楼来，拎了个便当回研究室，和往日一样扒食起来。然后回家。回到家后告诉太太，从此不再误人了。太太闻言，笑道："也好，既不出外误人，就在家自娱吧。"

在家自娱，我们教书营生的人，家里还有几卷破书，一如酒徒瓶中留有残酒，是可以在家自娱的。而且教书的人，平日欢喜讲给人家听，很少有时间反省自问的。讲给人听，美其名曰传道、授业、解惑。由于自己根底浅，何能传道。至于授业，也是知音少，弦断有谁听。不过，疑惑倒是有些，却不是为学生讲课解惑，而存在自己心中。因为教书必须备课，备课就得读书。虽然读来读去就是那几页，但每次读起来，都有不同的感受，兴起不同的疑惑。就像我当年刚进大学，鲁实先先生要我读《史记》，屈指算来，已经半个世纪了。以后教书每年都得读这部书，尤其这几年为了写《抑郁与超越——司马迁与汉武帝时代》，仔细再读。前几个月因为探索司马迁所谓六艺和六经之异，差一点坠入经学的旋涡，爬不出来。

这些年读书，心里的确存有许多疑惑，日积月累在胸中结了些茧，有时也想抽丝剥茧一番。但生性疏懒，想想就过去了。虽然每隔一段时间，又再想起，悔恨一番，甚至请太太的篆刻老师，刻了一方图章："恨不十年读书"，作为座右铭。图章刻了快二十年，该读的书，还是没有读。当年钱宾四先生隐居苏州耦园，耦园有个补读旧书楼。宾四先生就在楼上读书著述，我每次去苏州，都会去那里低回。"补读旧书楼"，的确是非常有意义的名字，旧书还没有补读完，如何能酝酿新知。而且所有的问题都从书中来，不是凭空的假设。在家自娱，就是青灯黄卷补读旧书，这样胸中结的那几个茧，不待抽剖，也该化蝶而出了。

于是，我的糊涂斋又在台北新开张了。"糊涂斋"是我书房的名字。当年初到香港，寄居于窝打老道山的高楼上，也有书房，面对另一大厦的外墙。我面壁八年以后，迁入学校新建的宿舍。宿处背山面海，书房外望是个宁静的内海湾，有碧海青山蓝空。入夜之后，环海湾快速公路的雾灯燃起，黄色的灯影映在海里，伴着碧波中浮沉的点点渔火，的确是个可入渔樵闲话的所在。我拥书而坐，左顾右盼，觉得该附庸风雅，为书房取个名字。望着墙上悬挂的郑板桥《难得糊涂》的拓片，对在外面正在整理杂物的太太说："取名'难得糊涂斋'，如何？"太太闻言大笑："难得糊涂？你几时清醒过！"于是抹去难得，剩下糊涂，我便成了"糊涂斋主人"。

回到台北后，居处尚称宽敞，只是隔间太小，书房实在局促，难以周旋。许多书没有开封，束之高阁，等学校的书撤退回来，就更拥挤了。太太见状说：“难为你在这里一窝十年，都窝出病来了。不如另外找个房子当书房，你天天到那里上班，退而不休。”于是在居处附近赁得一公寓二楼，作为糊涂斋的所在。糊涂斋离家不远，出门不到三分钟，即有风雨也不必撑伞。但屋子非常残旧，租金却不低，不过委屈多年的书和资料，都可以罗列上架了。于是，不论风雨晴阴，我每天都到糊涂斋里坐坐，摸摸索索，或整理旧稿，或另撰新篇。三四年下来，出版了四本《糊涂斋史学论稿》、五本《糊涂斋文稿》，尤其论饮食的《肚大能容》，颇脍炙人口，更得三联青睐，去年（二〇〇二）十月在大陆发行，至今十周，竟继续列于北京畅销书榜的前茅。而且钱宾四先生旧书新印的《论语新解》、顾颉刚先生的《中国史学入门》，一度也沉浮其中，北京人读书口味真的与他处不同。不过，后学竟能与前贤并驾，是以往不敢企望的。这都是“在家自娱”，老牛拉破车的成果，也是某种程度的自我肯定，说实在的，我的确比以往认真了。

所谓自我肯定，从我当历史的学徒开始，就在史学领域里拾荒，也快半个世纪了。现在蓦然回首，发现走过的旧时的蹊径，却留下新的脚迹。而且在前人丰收的土地上，捡拾了许多他们遗留的穗粒，现在该将这些穗粒穿成串了。但在穿引的过程中，却发现其中有我个人对历史的考察与体验。

这些考察与体验形成的体系，经历长久时间的积累，而且几经转折逐渐形成的。其间虽然也曾作过某种程度的修正，但在修正过程中，却获得更多的自我肯定，所以对最初的基本的观念，并没有改变。作为一个历史工作者，从开始就学会对历史独立与尊严的肯定，也学会对个人独立思考与判断的坚持，以及对个人尊严与自我的肯定。因此在举世滔滔之中，一路行来没有改变，一如陈寅恪先生所说，没有“曲学阿世”。

一日糊涂斋闲坐，突接太太的电话，说要去看房子。我问干啥。她说：“你也有年纪了，该有个自己固定的书房，不能老寄人篱下。对路面巷子的新大厦建妥，我们去选一层，算送给你的生日礼物。”于是我欣然前往，选了十楼的一个单位，套句香港卖房子的广告，边边向阳，甚是“光猛”，不似现在的书房那么幽暗。

签约后，太太开始忙碌了，由她设计监工，修整起来。三房两厅的房子不住人，以置书为主，四壁都是书架，主卧房是我的工作室，另置和室一间，客来饮茶，平时我可休息，但一面墙壁也是书架，准备放置饮食书籍及资料之用，到时我真的可以卧食天下美味了。

工竣，吉日迁入。我的存书本来不多，搬来百箱，很快就分类上架了。客厅书架空白的墙壁上，悬有沈刚伯先生和钱宾四先生的条幅，我从刚伯先生处习得“量才适性”，宾四先生教我对历史应怀有温情和敬意。两位先生对我做人处世和治学，都有很大的影响。还有太太画的国画《临流独钓》。当然，郑板桥的《难得糊涂》，挂在当中，客厅布饰倒也雅致。在书架罗列书籍间，放置着我搜罗的钟馗小摆件，泥塑、木刻、石雕皆有，其中有幅钟馗酒醉持剑的小画片，画虽不佳，画旁有题款："酒醉还有三分醒，各路小鬼勿乱来"。

我书桌临窗而设，对面墙上悬有傅抱石木版水印小品《桃林泛舟》一幅，淡淡几笔疏枝，上染桃红点点，人在舟中，舟在中流，颇有陶渊明的诗趣。画旁留白甚多，有很多可以想象的空间。工作室窗外不远有郁郁的小丘，青山上是蓝天，蓝天里有闲云。在山峦延伸处，有新建大厦数幢，入夜后灯火灿然，颇似香江某处，我在香港漂泊十四年，寄居于尘世之中，自逐于纷纭之外。现在已经淡出，更在纷纭外了。于是，我自言道："噫！糊涂终于有'斋'了。"

飘零之味

近年有关饮食文学的著作不少，但多是饮馔札记，真正的饮食文学创作却少见。饮馔札记或忆旧时味，或记坊间途中偶遇，或写个人厨下功夫，或抄录缀旧闻，拉杂成篇。饮食文学创作不同，首先必是个知味者，以饮食为主体，透过文学的表现形式，向读者传递某种思绪或意念，写来不易。所以自陆文夫的《美食家》后，久不见替，今得又见徐国能的《第九味》。

徐国能年纪轻轻，知道的玩意真不少。他说他写作"总希望记下被磨损的自己"与"大多数的时候想留住某些情况里难以言喻的怜悯"，这些"被磨损的""难以言喻的怜悯"来自何处？

健乐园是家湘菜馆子，传的是组庵菜。组庵是谭延闿的字。谭延闿是陈履安外祖父，湖南茶陵人，晚清翰林，曾任湖南都督与省长、南京国民政府主席、行政院长。谭延闿精食道，死后，其家厨曹敬臣从南京回到长沙，在坡子横街创设健乐园，专以组庵菜为号召。台北的健乐园最初似在中山北路，是否由徐家经营？若是，徐国能少年时，在健乐园堂里灶上穿梭，耳濡目染累积了不少食道知识，也是可能的。

徐国能的三篇饮食文学创作《第九味》《刀工》《食髓》都发生在健乐园。在这三篇文章中分别创造了落拓江湖载酒行的大厨曾先生，三代诗礼传家、独承绝艺的周师傅，还有以刀工入书法的他父亲。他们都身怀绝技，从厨下油煎火燎中超越出来，像行走江湖的高人，已臻于手中无剑、胸中有剑境界。将厨艺提升到入玄出释的意境。陆文夫的《美食家》透过姑苏美食，表现了经过天翻地覆的社会主义革命，竟然还有小资产的残余，缅怀与享受旧时味，也就是新旧之间是不能一刀两断的。那么徐国能一系列的饮食文学创作又表现什么？

不过，徐国能没有说明，只在《第九味》最后留下一个谜题。徐国能说："曾先生一直没有告诉我那第九味的意义是什么。"曾先生说："味味有根，本无调理。"味要入，而不能调，能入才是真，调就是假。材料、火候与调味，在烹煮时有其天地玄黄，自有其玄妙。

味分八种，辣、甜、咸、苦是主味，属正；酸、涩、腥、冲是宾味，属偏。偏不能胜正，而宾不能夺主，主菜必须以正味出之，而小菜多属偏味。所以好的酒席应以正奇相生始，正奇相克终。正偏八味，却没道出第九味是什么。或谓辛弃疾的"味无味处求吾乐，材不材间过此生"的"味无味处"，就是曾先生所说的第九味。"味无味处"正是周师傅所说纯取天然，故又淡极、鲜极，正好克化之前之所尝之百味，返归自然本源，在大开大合的调理之后，转变专主淡泊清逸，近于无味，这样的由有返无，近于老庄了。

无味之味，是从有归于无，不能成味。因此，所谓的第九味，可能是由苦衍生出的飘零之味。曾先生说咸最俗而苦最高，常人日不可无咸，但苦不可兼日，况且其苦味要等众味散尽，方才知觉，是味之隐逸者，如晚秋之菊、冬雪之梅。咸最易化舌，入口便觉，咸到极致反而是苦。所以，在寻常处往往最不寻常，旧时王谢堂前燕，就看你怎么尝它了。

所谓“旧时王谢堂前燕，飞入寻常百姓家”，就是飘零了。曾先生自健乐园飘然而去后，多年不见踪迹，后来作者在澎湖服兵役，在他开的九味牛肉面馆相遇，然后再去，曾先生不知又漂泊何处。除了曾先生，周师傅的隐、徐国能父亲的退，《雪地芭蕉》的庙里方丈的去，说到最后都是飘零，尤其时至今日，这种飘零之味就更深沉了。只是徐国能青春年少，何来双溪舴艋舟载不动的许多愁？也许是他少年时在健乐园看多了筵开筵散、灯明灯灭，因而兴起“那逝去的像流水，像云烟，多少繁华的盛宴聚了又散散了又聚，多少人事在其中，而没有一样是留得住的”。

《第九味》中包括《雪地芭蕉》在内，都是为参加征文而写，虽多列前茅，但为有所为弄笔，字里行间就多了刀斧痕迹，反不如他的《石榴街巷》《妈妈的竹叶舟》，似涧水潺潺于林间，自然、清新、流畅。

有品味的吃

刘心武一九七七年，发表了他的短篇小说《班主任》，触破了那个时代人们心底隐藏的“伤痕”。自此以后的四分之一世纪，他驰骋在喧嚣的文坛，现在却由喧嚣回复平淡，出版了清新恬淡的散文集《藤萝花饼》，而且是谈吃的。

刘心武说他近年写散文，无论自觉或不自觉，竟有许多直接间接涉及饮食。而且对于这些写吃的文章，他说是用比口舌更知味的心舌写的。所谓心舌又叫灵舌。灵舌上头的味蕾，能感受微妙的滋味，用心舌的味蕾写作，应成他越来越自觉的追求。

刘心武用心舌的味蕾写作，就是用味蕾品尝滋味，以心灵体会滋味的酸甜苦辣。然后写出一系列有品味的饮食文章。刘心武好以“品”字论饮食，颇有魏晋的遗韵。魏晋六朝士人好援饮食的滋味论学，名士谈玄最重言味，评文品诗以品味为先。钟嵘《诗品》即以品味定诗人的高下，他评诗以五言为主，因为他认为五言诗是“众作之有滋味者”，《诗品·序》说作诗以兴、比、赋为先，若能“干之以风力，润之以丹彩，使味之者无极”。不过，他不欢喜永嘉时期的诗，因为那个时期重贵黄老。“于时篇什，理过其辞，淡乎寡味。”钟嵘以滋味论诗，自此以后，饮馔的滋味进入人文领域，成为文学的品味。明清文人最重品味，将饮馔的品味融于日常生活之中，形成一种雅趣，文人食谱与饮馔的著作倍增，张岱《陶庵梦忆》、李渔《闲情偶寄》谈的是有品味的吃，也是明清小品的佳作。近世以后，吃与生活情趣分成两阕，饮食品味的文学传统，几成绝唱，没有想到竟见到刘心武的《藤萝花饼》，又谈有品味的吃，真是难得。

刘心武说他的《藤萝花饼》，直接或间接都涉及吃。所谓直接，是他个人饮食生活的体验；至于间接，则是在日常生活中，对周遭人与事物的观察。不论直接或间接，他所谈的食物，不是珍馐美味，都是些日常生活的平常饮食，以及平常饮食中的日常琐事。但写平常饮食与平淡的日常琐事，最难。不过，刘心武是说故事的能手，这些平常饮食与平淡的日常琐事，经他予以一个场景的衬托，于是，在每一种平常饮食背后，都出现了一个感人的故事。因此，当年邻居老奶奶，送给他的藤萝花饼，他小区的清洁工人朋友老罗送给他的一块五花咸肉，那小女孩为感冒邻居老奶奶买的一块棒冰，还有那个被父母牵着手逛公园的孩子，长大后请父母在园旁小食店吃儿时常吃的豆腐砂锅，等等，都进入了他的写作。

尤其刘心武的《炸酱面》是一篇非常感人的饮食文章。

他说一九七八年在美国访问，时间过了一个月后，开始想家，心里头越想家里的饭，想来想去是家里的那碗炸酱面，他说："在美的事物中，给予人最持久的享受的，还是常态美，炸酱面于我便饱蕴着生活的常态之美。"炸酱面是北京人家庭一年四季的快餐。刘心武在"文革"初期，在北京附近密云县的山区劳改，认识一位贫农小伙张连芳，父子相依为命。他们相处得很好，有天傍晚张连芳把他叫到僻静处，跟他说："你那点问题算不上反革命，俺爹跟俺不怕。"忽然张连芳凑近他耳朵说："俺爹给俺俩做好吃的哩，你知道吃啥吗？吃面条儿哩，吃炸酱面哩。你吃过面条儿吗？吃过炸酱面吗？"刘心武写道："我紧紧攥住他粗大皱裂的手，抬眼一望，他脸儿红红的放着光，鼻子一酸，我扑簌扑簌落下了泪。"

食物只是一个客观存在的物体，经过不同人在不同环境吃过以后，才有其意义与价值，而且这些饮食再经文学的描述，就更生趣盎然了。谈吃文章不易写，必须先有支好笔，所以梁实秋的《雅舍谈吃》、周作人的《知堂回想录》、汪曾祺《五味》、唐振常的《中国饮食文化散论》、林文月的《饮膳札记》、唐鲁孙的《南北看》读起来皆有情趣。至于将饮食作为一种文学创作，陆文夫的《美食家》，以及大专文学奖散文奖的《第九味》都是佳作，所谓第九味，在五味之外，更多了一种飘零之味。近读赵珩《老饕漫笔》，记近五十年北京饮馔的转变，社会的变迁亦在其中，较邓云乡谈燕京饮食掌故，更上层楼。

刘心武谈吃，既有文人谈吃的雅趣，又是文学家对饮食的文学创作，不同的平常饮食，与不同的人物结合，就出现了一个感人的故事，充满浓浓的人情味。这种浓浓的人情味，透过饮食发散出来，是中国数千年文化积累孕育而成。即使经过天翻地覆的社会变动，也是无法斩断的。

茄 鲞

富春园里菜根香

牛肉面

何处难忘酒

太史蛇羹

灶　脚

守着书店的日子

出得门来人半醉